向上的奇迹

MOJO

How to Get It, How to Keep It, and How to Get It Back If You Lose It

［美］马歇尔·古德史密斯（Marshall Goldsmith）
［美］马克·莱特尔（Mark Reiter） ◎著
李凤阳 ◎译

中国科学技术出版社
·北 京·

Mojo: How to Get It, How to Keep It, and How to Get It Back When You Lose It by Marshall Goldsmith
Copyright © 2009 by Marshall Goldsmith
Simplified Chinese edition Copyright © 2023 by Grand China Publishing House
Published by arrangement with Hyperion through Big Apple Tuttle-Mori Agency, Labuan, Malaysia.
All rights reserved including the rights of reproduction in whole or in part in any form.
No part of this book may be used or reproduced in any manner whatever without written permission except in the case of brief quotations embodied in critical articles or reviews.

本书中文简体字版通过 Grand China Publishing House（中资出版社）授权中国科学技术出版社在中国大陆地区出版并独家发行。未经出版者书面许可，不得以任何方式抄袭、节录或翻印本书的任何部分。

北京市版权局著作权合同登记　图字：01-2022-2437。

图书在版编目（CIP）数据

向上的奇迹 /（美）马歇尔·古德史密斯,（美）马克·莱特尔著；李凤阳译. -- 北京：中国科学技术出版社, 2023.5（2023.12 重印）

书名原文：Mojo: How to Get It, How to Keep It, and How to Get It Back When You Lose It

ISBN 978-7-5046-9680-9

Ⅰ.①向… Ⅱ.①马…②马…③李… Ⅲ.①成功心理－通俗读物 Ⅳ.① B848.4-49

中国版本图书馆 CIP 数据核字（2022）第 115650 号

执行策划	黄　河　桂　林
责任编辑	申永刚
策划编辑	申永刚　刘颖洁
特约编辑	张　可
版式设计	孟雪莹
封面设计	东合社·安宁
责任印制	李晓霖

出　　版	中国科学技术出版社
发　　行	中国科学技术出版社有限公司发行部
地　　址	北京市海淀区中关村南大街 16 号
邮　　编	100081
发行电话	010-62173865
传　　真	010-62173081
网　　址	http://www.cspbooks.com.cn

开　本	787mm×1092mm　1/32
字　数	184 千字
印　张	9
版　次	2023 年 5 月第 1 版
印　次	2023 年 12 月第 2 次印刷
印　刷	深圳市精彩印联合印务有限公司
书　号	ISBN 978-7-5046-9680-9/B·100
定　价	69.80 元

（凡购买本社图书，如有缺页、倒页、脱页者，本社发行部负责调换）

唯一能够决定你的

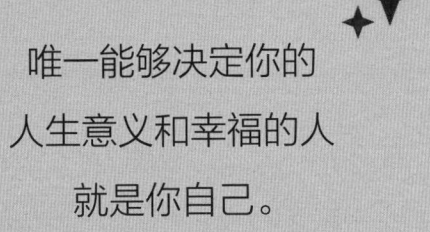

人生意义和幸福的人

就是你自己。

关于作者

马歇尔·古德史密斯博士

全球最具影响力的商界思想家

《向上的奇迹》一书一经面世，便被翻译成14种语言，并获得了广泛关注和疯狂好评。由《泰晤士报》和《福布斯》杂志主持的一项双年研究中，古德史密斯博士从3 500名候选者中脱颖而出，被评为"全球最具影响力的15位商界思想者之一"。美国管理协会将马歇尔评为"过去80年来在管理领域最有影响力的50位顶尖思想家之一"。其他主要的荣誉如下：

Thinkers50管理思想家排行榜：世界最具影响力的领导力思想家、世界十大商业思想家之一

《福布斯》：全球最受尊敬的5位高管教练之一

《华尔街日报》：全球十大高管教练

《哈佛商业评论》：2011年全球最具影响力的领导力思想家

美国管理研究院：终身成就奖

美国国际人力资源学院：院士奖（美国最高人力资源奖项）

《商业周刊》：全球领导力研究发展史上最具影响力的研究者之一

《经济学人》：商业新时代最值得信赖的思想领袖

《卓越领导力》：全球管理和领导力领域5位顶级思想领导者之一

印度《经济时报》：美国5位精神导师之一

《快公司》：美国杰出高管教练

古德史密斯博士在加州大学洛杉矶分校获得了博士学位，任达特茅斯学院全球领导力研究中心主任，并经常在知名的商学院讲授高管教育课程和发表演讲。

他的工作受到了该领域几乎所有专业团体的认可。阿兰特国际大学将其商业与组织研究学院命名为"马歇尔·古德史密斯管理学院"，以表达对他的崇敬之情。

古德史密斯博士还是为数不多曾受邀对超过200名CEO及其管理团队进行辅导的咨询师之一，他在"彼得·德鲁克基金会"的理事会任职长达10年。他曾以志愿教师的身份为美国陆军的将官、海军将官、女童军领导，以及国际红十字会的领导者们授课，更被后者授予"年度志愿者"的称号。

马歇尔·古德史密斯博士目前创作了40余部著作，总计销量超过250万册，其主要作品包括：

《习惯力》:《纽约时报》畅销书,《华尔街日报》商业类书籍第 1 名,获"哈罗德·朗文年度最佳商业书籍奖",在 7 个国家名列畅销书前 10 名

《自律力》:长踞亚马逊商业类图书榜首、最具影响力的管理类经典著作

《功成身退》:《华尔街日报》畅销书

《未来的领袖》:《商业周刊》畅销书

《未来的组织Ⅱ》:2009 年度选择奖,最佳商业类书籍

《高效经理人教练方法和培养细节》:高管培训领域经典畅销书

古德史密斯博士在线发布的 300 多篇文章、访谈、专栏文章和视频资料,全球 195 个国家的读者点击超过 2 000 万次。

权威推荐

沃伦·本尼斯
世界级领导力权威专家，四任美国总统顾问团成员

马歇尔是独一无二的。他以独特的方法和高超的智慧深入剖析了那些令我们夜不能寐的问题。他不仅帮我们了解了这些问题的本质，还帮我们解决了问题本身。本书生动活泼，引人入胜，绝对值得一读，每一个领导者都会手不释卷并受益匪浅。

戴维·尤里奇
"现代人力资源管理之父"，密歇根大学罗斯商学院教授

马歇尔再一次握住了员工和职场问题的脉搏。这本书清晰、深刻、智慧，能够帮助员工找到自己的正向力，并让他们找到能够改变职业生涯和个人生活的方法。职场中最强大的力量来自劳动者，而马歇尔已经找到了让劳动者们最大限度地发挥潜力的方法。

弗朗西斯·赫塞尔本
彼得·德鲁克基金会董事长，美国女童子军 CEO

《向上的奇迹》这本书引导我们用一种系统的新方法重新认识和定位自己，它是未来领导者指南，谢谢你，马歇尔，还有你这本好书。

爱德华多·卡斯特罗 – 赖特
沃尔玛公司副总裁

马歇尔的又一本充满鼓励性、操作性和智慧的书！我爱这些满是闪光的智慧结晶，让我们带着他的建议在工作和生活中处理各种状况。

马克·特尔塞克
高盛公司董事总经理

阅读本书后，我就像接受了马歇尔的辅导，那感觉真是棒极了。他的书能让我振奋精神，让我在生命的每一天里都追求最多的意义和幸福。每一个阅读过本书的人的竞技能力都将得到提升。

艾伦·穆拉利
福特汽车公司 CEO，"未来领袖奖"获得者

马歇尔的《向上的奇迹》为我们提供了非常好用的观点和工具，使我们更好地安排自己的生活和工作，更好地投入和奉献。谢谢你，马歇尔。

特蕾莎·雷塞尔
瑞银证券公司 CEO，美国财政部前首席财务官

马歇尔将"新常态"下的商业挑战与实际的工具相结合，为我们提供了一系列案例分析。你可以利用这些工具帮助自己，或帮助你所爱的人。这是一本关于个人短期和长期发展的了不起的书。谢谢你，马歇尔！

格雷格·布朗
摩托罗拉公司前总裁兼 CEO

马歇尔清楚地告诉我们在生活中拥有更多的意义和幸福，对公司、家庭、社会和自己的益处，他还为我们勾画了一幅非常清晰且有说服力的地图，指引我们实现这一目标。

汤姆·格罗瑟
英国路透集团 CEO

有幸上过马歇尔·古德史密斯的课的人，对于他的教导所能够带来的积极影响都有体会。通过《向上的奇迹》这本书，马歇尔把他的学识更广泛地分享给了读者们。他教导我们如何在工作中和生活中克服惰性并寻找意义和幸福。无论是在生意场上还是在日常生活中，本书都是人生最重要的一课。

吉姆·劳伦斯
联合利华公司前首席财务官

  我们都希望自己的正向力能够长兴不衰。马歇尔·古德史密斯向我们讲述什么是正向力，如何让正向力成为我们手中的利器并利用它提升自我价值。

乔治·博斯特
丰田金融服务公司总裁兼CEO

  马歇尔为我们提供了稳妥的、实际的建议，并通过真实世界的案例加以阐释。他给了我们一个增加个人幸福感的路线图，并明确说明我们可以通过哪些步骤恢复最佳状态。在飞机上阅读这本书感觉真是棒极了！

乔·史卡利特
史卡利特领导力研究院创始人

  让你的正向力奔跑起来吧！马歇尔又一次激励我们摧毁阻碍、跨越险阻、成为我们自己的主宰。

克里斯托弗·库巴希克
洛克希德·马丁公司总裁，桑迪亚公司董事会主席

  马歇尔帮助领导者，启发领导者，同时也帮助和启发所有想丰富

个人和职业生涯，专注于既能提供意义又能提供幸福的工作的人。本书提醒我们，如果我们能够花点时间诚实地面对自己，我们就能在工作中和生活中享有更多的成功。

乔纳森·克莱恩
全球创意图片巨头华盖创意CEO

马歇尔的书如其人，见解深刻、直截了当、专注、明智、思维清晰、积极鼓舞、充满活力。对于那些没有接受过马歇尔辅导、没有体会到他的这些特质的人，阅读本书将是一个非常不错的选择。本书和马歇尔一样，观点独特，十分有益。

艾伦·哈森菲尔德
孩之宝公司前执行委员会主席

爱默生说："与我们心灵深处的东西相比，眼前身后之事皆微不足道。"这本书便直指我们的内心，告诉我们如何获得正向力，他人的看法如何影响我们的正向力。这本书非常棒！

马克·汤普森
《福布斯》评其为"点石成金的风险投资人"

马歇尔·古德史密斯又来了！这是一本人人必读的书。它能拨动我们内心深处的琴弦，告诉我们生活和工作中最重要的东西是什么。

从古至今，没有哪个时代像今天这样更需要我们每个人、每个组织重新找回自己的正向力。本书将告诉我们如何才能做到这一点。

约翰·哈姆格伦
麦克森集团 CEO，"沃伦·本尼斯领导力奖"获得者

　　马歇尔有一种天赋，能够帮助组织和个人找出成功的最根本要素。《向上的奇迹》中所体现的见解必定能帮助各行各业的人们在工作中发挥最大的潜力，帮助他们生活得更加充实。

莉兹·史密斯
世界便餐领导者 OSI 餐厅合伙企业 CEO

　　马歇尔是帮助人们认识自我的大师。《向上的奇迹》为我们提供了非常有益的精神食粮。对我而言，阅读本书就如同倾听马歇尔的教诲。

戴维·艾伦
《搞定》系列畅销书作者

　　本书充满了对生活体验的深刻见解和实用技巧，能够帮助我们提高生活质量。马歇尔是一位大师级的传道者和沟通者，他的自我揭露式的故事风格不仅使人兴味盎然，更令众人感奋不已。这是一本意义非凡的书，在如今这个动荡年代，它能够帮助我们找到生活中的乐趣和意义。

凯文·凯利
全球最大的企业领导咨询机构海德思哲国际咨询公司 CEO

  正向力这种东西难以捉摸,很难定义,如同智人一般神秘而古老……其价可比黄金。所有体验过正向力并想要得到更多正向力的人都应该读一读这本思想卓越并启人深思的书。

维贾伊·戈文德瑞亚
塔克商学院全球领导力中心主任,世界级战略权威专家

  这是一本伟大的人生战略指南!书中的革新性观点将帮助你找到幸福和意义。

基思·法拉奇
畅销书《别独自用餐》作者

  你还在寻找达成非凡的成功的秘密武器吗?《向上的奇迹》一书就是你最好的武器。马歇尔的智慧和慷慨令本书熠熠生辉。

甘地·拉奥
GMR 公司 CEO,印度"年度企业家奖"获得者

  这是为自我实现而出现的正向力魔法。我认为正向力的内涵在于它是我们在寻求生命意义和幸福的路上的一块里程碑,也是我们在探寻自我内在世界的指明灯。

乔恩·卡岑巴赫
普华永道美国董事，普华永道卡岑巴赫中心创始人

马歇尔·古德史密斯是一位大师，他促使我们对自身和身外的世界进行更深刻地思考。《向上的奇迹》一书引人入胜，启人心智，并引导读者们将书中的教导付诸实践。这本书是他送给我们每一个人的最好的礼物。

查尔斯·巴特
美国 20 家最大的私企之一 HEB 公司 CEO

马歇尔·古德史密斯在个人提升领域所做的贡献无人能及。他的工作卓越有效。

石　涛
京东商城图书部前任副总裁

马歇尔以他独特的视角发现了我们每个人身体中都潜伏着巨大的能量源——正向力，希望你看完本书之后，善用正向力，到达成功的巅峰。

前 言 MOJO

领着同样的薪水，他凭什么更成功？

我的一本书《习惯力》着重讲述的是成功人士的典型错误行为，而本书主要讲述的是所有成功人士共有的一种属性，我称之为正向力（Mojo）。

我给正向力下的操作性定义为：**正向力是我们对当下正在做的事情所抱持的一种由内向外散发出来的积极的精神**。我每当想起自己遇到的那些成功人士（他们不但在事业中获得了成功，而且自我感觉也很好）时，我都能够感受到他们全都拥有正向力。

任何职业中的任何一个层级都有一些拥有正向力的人。在一次表彰会上，某位CEO给那些最好地体现了公司价值的员工颁奖。当看到职业各不相同的获奖者——食堂工人、技术人员、护士、行政人员——所展现出来的绝佳的能力后，我大为吃惊。他们全都拥有正向力。

就在我看着这些兴高采烈、积极性高涨的人领奖时，我突然想起成千上万个做着类似的工作而没有正向力的人。这些人对他们所做的事抱有一种负面的情绪，而这种情绪也源于内而形于外。

不要总盯着眼前的不甘心

在给一个术语下定义的时候，想想它的反义词往往会有所助益。我的代理人、本书的共同作者、我的朋友马克·莱特尔和我在给正向力想反义词的时候花费了不少力气，最终我们找到了这个词：负向力（Nojo）！单是其发音就足以传达出它所要表达的意思。

如果你有机会的话，可以观察一下在同一时间做着同一件事的两名员工。其中一个可能会被正向力附体，而另外一个则完全成了负向力的形象代言人。最能说明问题的例子就是空服人员。32年来，由于工作的关系，我几乎飞遍了世界各地。单是在美国航空，我所累积的飞行优惠里程就已经超过了1 000万英里（1英里约等于1.609千米），这大概可以称为一个里程碑式的数字了吧。飞行期间，我和数以千计的空服人员打过交道。

大多数空服人员都很敬业、很专业，奉行服务至上的宗旨，均表现出了正向力。但也有些空服人员性情乖戾，他们的行为失礼，似乎宁可待在世界上最偏僻的角落，也不愿待在飞机里。他们都表现出了负向力。我曾对比过某家航空公司的两组空服人员，其在同一时间做着完全相同的事情。尽管薪酬相差无几，但每组空服人员所传达出来的正向力截然不同。

我们如何才能辨别自己或他人的正向力水平呢？你可以利用正

向力测试表格，从评估自己或他人，以及测试正向力特性开始入手。

你得到了哪些信息呢？你该怎么改变自己或他人的行为以清空自己体内的负向力，填满正向力呢？如果你想打造自己的正向力，这些问题必不可少。

目 录
CONTENTS

Part 1 第1部分

重拾直面生活的勇气

正向力渐行渐远，其最初的原因往往是人们无法接受现实并坦然面对人生。

第 1 章　从你当下正在做的事开始　　2
距离成功总是差一点"运气"　　4
想获得无往不利的正向力，先回答这4个问题　　6
养老金和"铁饭碗"都不能为人生幸福买单　　18

第 2 章　一种由内向外散发出来的积极的精神　　21
积极的精神：为出色地完成工作而高兴　　25
由内向外散发：停止喊叫，花更多精力鼓舞他人　　26
消极的精神：厌恶工作却不敢辞职　　28
转变的契机：测量职业和个人正向力　　32

第3章　真正的转变在一次次问答中悄然发生	42
停下来，想一想，再做出选择	45
长期利益和短期满足感可以兼得？	46

Part 2 第2部分

最好的时代，也是最坏的时代

在这个新世界里，正向力对职业人士而言已经不是一种选择，而是一种必需。

第4章　身份认知：你认为你是谁？	52
记忆中最不堪的自己，其实早已不在	54
揪着你的过去不放，也没资格参与你的未来	56
把一切都归咎于原生家庭，你就心安了吗？	57
被时代抛弃的只是自我的虚假	60

第5章　成就：近来你做了什么？	68
百万年薪的公司主管只想当小说家	71
压力测试：赌你的成就不过是自我感觉良好	75

第6章　声誉：别人认为你是怎样的人？	78
为什么一流方案不如三流方案？	80
放弃大单更需要智慧和勇气	83
立人设：装着装着就成真了	86

当成功成为你的标签 89
晋升秘诀：按时完成工作，到点下班 93

第7章　接受：你能改变哪些事情？ 98
"等……我就会幸福了" 98

第8章　谁谋杀了你的正向力？ 106
"过度承担"绑架了你的正向力 107
坐等经济回暖，你就能赚到钱了吗？ 110
终于证明"我是对的"，然后呢？ 112
"全民娱乐项目"：抨击老板 114
30岁的我，害怕过往的努力都白费 116
表达真实的自我也需要"演技" 120

第9章　无谓的争辩中没有赢家 124
提出不同意见，支持团队决议 125
"我吃的盐比你吃的米还多" 127
猜不透的恶意无须质问 128
"没有录用我就是不公平！" 129

第10章　一天24小时不停运转的世界 132
新型的专业化员工：正向力是必需品 134

Part 3 第3部分

如何做出更好的选择

受困于"工作间文化"的囚徒们从不会寻求变化,而我能提供给你的唯一的建议就是:清楚了解自己的价值取向,深思熟虑做出选择。

第 11 章　后退一步,仍有条条大路　140
热血换来职场失意和全额奖学金　143
正向力工具箱:14种小技巧激起大改变　146

第 12 章　你想成为什么样的人?　149
工具1:设立个人准则　149
工具2:了解自己生活在何处　157
工具3:做一个乐观主义者　164
工具4:做一次减法　170

第 13 章　找到只有你才能达到的成就　175
工具5:从一砖一瓦成事　175
工具6:时刻践行人生使命　180
工具7:到蓝海中游泳　184

第 14 章　无论好坏,去验证你的直觉　188
工具8:知行知止　188
工具9:懂得说"你好"和"再见"　195

工具10：将他人的感受量化　　　　　　　　　202
工具11：降低闲聊指数，重获效率人生　　　207

第 15 章　世界并非由我单独创造　　　　　210
工具12：影响上下级　　　　　　　　　　　210
工具13：为"麻烦"命名　　　　　　　　　215
工具14：给朋友一张终身通行证　　　　　　223

Part 4　第4部分

向上的路，你不必一个人走

我们喜欢有人陪伴、有人支持，而当我们要对某人负责时，就会变得更有动力。
"和你在一起让我找到了生活中的快乐。"

第 16 章　小小的义务让我们更加专注　　　228
第 17 章　请你一定要幸福　　　　　　　　233

附录A　正向力调查问卷：29道题测量你的幸福与意义　　237
附录B　正向力调查问卷解读：延长生命中的价值感与满足感
　　　　　　　　　　　　　　　　　　　　　　　　249
致　谢　　　　　　　　　　　　　　　　　　257

Part 1
第 1 部分

重拾
直面生活的勇气

正向力渐行渐远，其最初的原因往往是人们无法接受现实并坦然面对人生。

第 1 章
从你当下正在做的事开始

几年前，我和我的朋友梅尔（Mel）还有他的家人一起观看了一场女子高中的篮球赛。梅尔的女儿克丽茜（Chrissy）是她们球队的首发控卫。对于这场冠军联赛，我们充满了期待，热切地希望克丽茜的队伍能够夺冠。

然而，比赛的整个上半场，克丽茜和她的队友频频失误。中场休息的时候，她们已经落后了17分。队员们都垂头丧气，有两名队员甚至还起了争执。教练像个交警一样挥舞着手里的记录板，催促着姑娘们尽快离开场地，似乎担心她们走得慢了，情况就会变得更糟。比赛完全呈现了一边倒的势态，我几乎不敢想象下半场会是怎样。可以看得出，梅尔和我想法一样，在心里默默地祈祷着。

不过我们同时也提醒自己：一切皆有可能。也许克丽茜的队伍能够将比分扳回，或者至少可以让比赛更好看些。事实也的确如此。

克丽茜和她的队友们在下半场一开场就连续投中了两个3分球，还有一次成功的抢断并轻松上篮。似乎只是转瞬之间，两队的比分差距从令人望而生畏的17分扳回到9分，这就好办多了。克丽茜和她的队友们咬紧牙关，一鼓作气地把比分直追上去。等到比分只相差3分的时候，对方的教练叫了暂停。我们这边的人全都起立鼓掌，祝贺她们终于能够将比分追回。

梅尔转过头来对我说："这场比赛我们一定能赢。"在那一瞬间，我完全理解他想要表达的意思。

场上的表现就是证据。比赛的整个节奏已经发生了变化。上半场克丽茜和她的队友还乱作一团，现在她们在场上小心地运动，恢复了紧迫感，甚至还带着几分得意。她们的眼神清楚地表明了这种变化。每个人都在想：把球传给我，我可以。

对方队员的变化也非常明显。尽管他们上半场合作默契，以大比分领先，现在却变得紧张兮兮，互相之间你争我吵，对裁判的判罚大加抱怨，还不时地往场边张望。他们的教练正在那里拼命地做着各种手势，试图稳定队员们的情绪。

最终，克丽茜队赢得了这场比赛。为什么这个一开始乱作一团、毫无斗志的球队能够在半场过后以崭新的姿态投入比赛呢？

也许是落后17分的难堪局面让她们能够同仇敌忾；也许是教练布置了新的打法；或者是因为下半场开场她们运气比较好，打出了一波小高潮，连得8分因而信心高涨，结果赢得了比赛；也可能是所有这些因素综合在一起，使队员想要改变士气消沉的局面，变得斗志昂扬。在整场比赛中，梅尔转向我的那一瞬间让我印象深刻。当时，我们都清楚地知道克丽茜她们队会赢得比赛。我们都有预感，并情不自禁地站起来为她们喝彩。

我把这样的瞬间称为正向力瞬间。在这一瞬间，我们所做的有意义、有影响、积极的事情，得到了全世界的认可。本书所要讲述的就是这些正向力瞬间——如何在生活中创造出正向力，如何保持正向力，并且在需要的时候重获正向力。

距离成功总是差一点"运气"

我们所有人都或多或少地对正向力有一些了解。如果你有过当众发言的经验，并且表现得还不错的话，你就应该对正向力有所体会。我发现，人们对当众讲话有很深的恐惧。很多人宁愿爬行穿越蛇虫密布的沼泽，也不愿意在一群人面前开口讲话。但如果你是个取得了一点成就的成年人，那你就很可能需要在某些时候当众发言。比如向客户作商品推介，向老板和同事说明自己的工作，在某位亲友的葬礼上致悼词，或者在女儿的婚礼上致祝酒词。

不论在什么场合，如果你的表现还不错，听众们仔细倾听你的每一句话，不时地点头表示赞同，在你讲笑话的时候放声大笑，在你结束讲话时为你鼓掌，这时你所创造出来的气氛，就会和克丽茜及其队友在学校体育馆所创造出来的气氛一模一样。你正在全力以赴，而房间里所有的人都能察觉到。这就是正向力的精髓所在。

正向力一词原本是指一种美国黑人的民间信仰，他们认为巫毒护身符具有超自然的力量。这种护身符常常是一小片布或一个小布袋。

美国著名蓝调爵士乐王穆蒂·华特斯（Muddy Waters）《魔力显灵》（*Got My Mojo Working*）中的"魔力"指的就是这种东西。一些人对这种近似迷信的说法深信不疑。我认识一位企业家，他每天上班前都要和妻子玩5次的"金拉米①"。他对我说："我要是赢了，就是我的正向力显灵了；我要是输了，那天我就什么合同都不签。"

如今时过境迁，正向力这个词已逐渐被用来指代积极的精神和方向，在当前体育赛事、商业运营和政治格局变幻莫测的环境下尤其如此。举例来说，如果一位政治家在激烈的选战中连续几周毫无差错，支持率直线攀升，一时之间，评论家们就会异口同声地说他是拥有正向力的候选人；如果一位同事连续做成了几个大单，大家都会说她"好运连连"，找到了自己的正向力。

在另外一些人的眼里，正向力是个人发展过程中的一种不可捉摸的力量。你不断前进，取得进步，实现目标，清除障碍，获得胜利，而且越做越轻松惬意。你所做的事既有意义，又能让你乐在其中。体育界人士把这叫作"状态甚佳"，其他人则笼统地称之为"顺手"。

我认为追求幸福和人生的意义具有非常重要的价值，我对正向力所下的定义正是源于此。在人们追求幸福和人生意义的过程中，正向力发挥着至关重要的作用，因为它的精髓在于实现两个简单的目标：喜欢你所做的事情，并将这种喜欢表现出来。我给正向力所下的操作性定义正是这两个目标的具体体现：

正向力是我们对当下正在做的事情所抱持的一种由内向外散发出来的积极的精神。

---

① 一种纸牌游戏。——译者注（下文如无特别说明，均为译者注）

如果我们以发自内心的积极态度去做事，周围的人就能够感受得到，而我们的正向力也就得以彰显出来。换言之，我们对自身的认知和他人对我们的认知之间的鸿沟就会消弭，即如果我们对自身和自己正在做的事情抱持积极的态度，那么他人对我们的感知亦是如此。

想获得无往不利的正向力，先回答这 4 个问题

第一个要素是你的身份认知（identity）。你认为你是谁？

这个问题听上去很浅白，但实际上有着非常微妙的内涵。每次我提出这个问题的时候，人们的第一反应往往是："嗯，啊，我想别人大概以为我是……"这常让我吃惊不已。我会立即打断他们说："我没问你认为别人怎么看你，我想知道你对自己的看法。其他人的看法一律不用考虑，你的爱人、家人和最亲近的朋友的意见都不用管，你自己怎么看你自己。"

一般情况下，接下来会是大段时间的沉默，他们需要时间努力思考各自的自我形象。在思考了一阵后，他们往往会给出一个比较直接的答案。如果我们不能对自己有一个清楚的认知，就很可能永远也不明白为什么有时候正向力会不期而至，有时候却黯然消失。

第二个要素是成就（achievement）。近来你做了什么？

也就是你所达成的有意义、有影响的成就。如果你是一名销售员，那么你可能拿下了一个大单；如果你是搞创作的，那么你可能终于想到了一个突破性的创意。不过，这个问题也并非那么简单，因为我们通常会根据事情完成的难易程度或低估或高估自己的成就。

举个例子。我认识的一位资深人力资源主管曾对我说,她能够精确地定位她的事业开始一飞冲天的那一瞬间,尽管过去的她完全没有意识到这一点。

当时,她是公司的 CEO 助理。有一天她听到 CEO 在抱怨公司的费用跟踪系统。当晚她就给 CEO 写了一个便条,说明她能够优化这个系统。对她来说,这并不困难,因为她已为 CEO 填写差旅报告和接待报告多年了,对目前的费用报销系统可谓了如指掌。最终,老板对她的想法非常赞赏,立刻把她调到人力资源部门,以便让她按照自己的想法大刀阔斧地把整个系统改造一番。在她的老板眼里,她很清楚地展示了洞察力、主动性和执行力。她的便条见证了她事业起跳的瞬间,她从当年的助理成为今天手下有几百人的人力资源主管,就是从那个便条开始的。

这个例子说明,我们对自己的成就的评价及其为我们周遭的世界带来的实际影响,有时并不能很好地匹配。如果我们不能诚实地评价我们近来取得的成就,就很难创造或重获自己的正向力。

第三个要素是声誉(reputation)。别人认为你是怎样一个人?

别人认为你近来做了什么?与前两个问题不同,这个问题没有什么微妙的含义。个人认知和成就可以按照自己的意愿自由掌握,但声誉是由别人来填写的记分卡。你的同事、客户、朋友,有时甚至是素未谋面的陌生人都掌握着对你的表现进行评分的权利,同时,他们的评分也会为人所知。尽管你无法完全控制自己的声誉,却仍然能够尽一切努力保持或提升自己的声誉,而且声誉反过来会对你的正向力产生巨大的影响。

第四个要素是接受（acceptance）。你能改变哪些事情？

而哪些事情你无能为力？表面看来，接受现状——也就是现实地评估我们能够改变哪些事情，并适应这样的事实——是最容易不过的事情了。当然，这也许比从一无所有地开始创造一种身份认知或者重建声誉来得容易一些，毕竟，接受现状、顺其自然能有多难呢？你会对当前的情况进行一番评估，深呼吸，然后决定接受现状。不过，接受现状常常是我们所面临的最大的挑战。

一些员工总是不会接受经理比他们更有权威的事实，不断地和他们的老板发生争执，这样的策略很少有皆大欢喜的结局。有些员工总是无法掩饰没有得到提升而带来的失落感，逢人便不断地诉苦："这不公平。"这样的策略也几乎无助于他们在同事间提升自己的形象。有些人总是无法接受失败的事实，热衷于寻找替罪羊，声称都是别人的错，从不认为自己有什么不对，这样的策略也根本没法让他们在将来避免相同的失误。<u>正向力渐行渐远，其最初的原因往往是人们无法接受现实并坦然面对人生。</u>

一旦理解了身份认知、成就、声誉以及接受这些要素的影响和相互作用，我们就可以着手改变自己的正向力，包括工作中的正向力和生活中的正向力。

正向力常以不同的形式在我们的生活中出现。有些人不管做什么事，不管他们的行为对别人而言有多么让人生厌，都有正向力护体。有些人曾有过正向力，但它一去不返。有些人失去正向力之后还能够复得。也有些人在某些方面正向力满满，在另外一些方面却极少。

看看下面的案例，哪个与你的状况最为相似呢？

正向力瞬间 ✦✦

不要看我的人,看我做的事
—— 身份认知:你认为你是谁? ——

除了我的父母和其他亲人,丹尼斯·穆德(Dennis Mudd)是我遇到的第一个"伟大的人"。他的伟大并不是温斯顿·丘吉尔(Winston Churchill)或者佛陀的那种能够改变他人生活的伟大,而是他以谦逊的方式,给见过他的人以持久的、积极的影响。

那年我 14 岁,住在肯塔基州。因为我们家的屋顶漏雨非常严重,父亲就雇丹尼斯·穆德来给我们换屋顶。为了省钱,我也被拉去帮忙。至今想起来,在肯塔基州的炎炎夏日下装屋顶仍是我经历过的最艰难的体力劳动。不过,这同时也让我大开眼界,因为我每天都要和穆德一起干活,而他是一个天生就拥有无尽正向力的人。他铺屋顶板时十分谨慎,什么都做得一丝不苟,一切都要求完美,这让我十分惊讶。

我犯错误的时候,穆德也非常耐心地帮我改正。要是有一片瓦松动了或者没有对齐,他会帮我把瓦揭起来,并给我演示怎么正确地把瓦放下去。事后回想起来,我的帮忙可能反而拖了穆德的后腿,使进度慢了下来,但他从来没有提起过。过不了一会儿,我就被穆德对在夏日下换屋顶的劳动抱有的欢欣情绪感染了,我的态度再不是"不情不愿",而是"为出色完成任务感到骄傲"。每天早上起床的时候,我都会对上屋顶干活满心期待。

向上的奇迹

等到工程终于结束时，穆德递给我父亲一张发票，说："比尔，你可以慢慢地检查我们的工作。要是这个屋顶符合你的要求，请按此付费；要是不合要求，我分文不收。"穆德是认真的，尽管从经济上来说，收不到这笔款项对他和他的家人可能会是一个沉重的打击。

父亲检查过屋顶后，称赞我们做得非常棒，然后把钱付给了穆德，而穆德随即就给我支付了工资。

这种"你认为值多少就付多少"的策略并不是什么噱头，而是穆德表现其正直的一种方式。50年之后的现在，我才意识到他对自己的工作十分有信心，并引以为荣，这使得他的策略风险性极低。他确信别人能够看到他服务的质量，并支付他应得的报酬。他不仅在内心对所做的工作抱有积极的精神，还将这种精神表达出来，让他人能够明确地感受到。这就是最纯粹意义上的正向力。

正向力瞬间

你要知道我5年前风光过

—— 成就：近来你做了什么？ ——

查克（Chuck）是一名电视台"前"主管，曾经是业界最优秀的领导者之一。很多非常具有开创性的想法都是他率先提出来的，我们今天在电视上仍可时常看到，而且目前他对这个领域的了解不输给业内的任何人。他成为"前"主管已经是5年前的事了，他已经5年没有工作了。这并不是因为他没有积极寻找其他的工作机会，凭借他的人脉和声誉，如果他想，他只要拿起电话就能和任何一个有权势的人通话。拥有这样的正向力让人艳羡不已。但他没有滥用这种影响力，而是几乎和每一个有能力帮助他的人讨论自己的处境。

这些年来，他零星地为别人做过一些咨询，并希望把咨询作为一个永久性的工作来做，但最终没能实现。他今年已经 55 岁。失业的时间越长，就越难找到工作。如果你在一个领域已经 5 年没有工作了，那么很快你就会发现你已经难以把自己叫作"电视台主管"了。

因为有离职补助和良好的投资收益，查克赚的钱已经足够他养家糊口。但目前的状况对他的心灵和信心又产生了不小的影响。最近，他开始担心自己在孩子们心目中是什么样的形象。他们会把他看作一个成功者，还是一个整天在房间里乱晃的无所事事的人？看到电视网络、有线频道和制片公司的领导职位被当年他的手下或者他一手带出来的人所占据，他感到心里很不是滋味。他开始不断地讲他做主管时的那些风光日子。他沉湎于过去，而不愿面对未来。

朋友们劝他开一间自己的制片公司。当年他做电视台主管的时候，曾一度是业界最为优秀的"创意人"。他依然可以利用自己的才能，开发一些项目，并以他深广的人脉作为辅助。走出这一步之后，他就能够卷土重来，平等地与那些潜在的客户讨价还价，而不用可怜兮兮地等人施舍。但不知是出于惰性还是畏惧，查克并没有这样做。他不想自己当老板。他想给一个大企业打工。这也是他一直以来都在做的事，他所知道的一切也仅限于此。他想要把时钟拨回到过去,回到他没有丢掉工作之前。

查克指望着好运突然降临,但没有付诸行动去创造这种好运。他的身份认知已经被过去吞没,随着时间的流逝变得越来越遥远,越来越模糊。他过去所取得的成就已经无关紧要了。他对自己的看法与别人对他的看法大相径庭。

但是,查克最大的问题在于他不能接受现状。他仍然希望找到一个和上份工作类似的职位,而唯一的问题在于(尽管他拒绝承认)这个职位对他而言已经不存在了。如果不能接受这个现状,查克的正向力就永远不会回来。

正向力瞬间

把下坡路走成上坡路

—— 声誉:别人认为你是怎样的人? ——

时间:1956 年 7 月 7 日,地点:罗得岛州新港,新港爵士音乐节。星期六的晚上。艾灵顿(Ellington)公爵和他的乐队马上就要演出了。艾灵顿已经 57 岁,最近几年的经历颇为曲折。20 世纪三四十年代,他的乐队极为闻名,流行曲有《搭乘 A 号列车》(*Take the A Train*)和《芳心之歌》(*Mood Indigo*)。不过,由于大众音乐口味的转变以及和另外 16 名音乐人巡回演出的成本,艾灵顿遭受了不小的经济打击。

一年前,即 1955 年的夏天,艾灵顿乐团已经沦落到为长岛的一个室内溜冰场的溜冰者们伴奏的地步了。

艾灵顿急切想在新港好好表现一番，他还为这次音乐节特别写了《新港音乐节组曲》(The Newport Festival Suite)。

不过当晚一开场的时候并不顺利。乐队有 4 个成员没有到场，而且音乐节的导演乔治·韦恩（George Wein）要求艾灵顿开场的时候演唱《星条旗永不落》(The Star Spangled Banner)。两首歌之后，台下的观众还在夏夜潮湿的空气中不安地转来转去，艾灵顿被赶下台来，只能给其他艺人让路。艾灵顿大为恼火，问道："当我们是什么？驯兽表演，还是耍杂技的？"

等到他再次登台的时候，已经是 3 个小时以后了。由于接近午夜，约三分之一的人都离场回家了。艾灵顿依然火气很大，决心好好地表演一番给这些人看。除了新写的歌之外，他还演唱了另外两首歌。这时下起了淅沥的小雨，观众们开始往出口挤去。

为留住观众，艾灵顿演唱了他们的备用曲目《蓝调梦幻曲》(Diminuendo and Crescendo in Blue)，这是一首写于 1937 年的快歌，本来分为两部分，中间以艾灵顿的钢琴独奏连接。但是今晚，他将中间的连接交给了高音萨克斯手保罗·冈萨尔维斯（Paul Gonsalves）。冈萨尔维斯一段狂风骤雨般的独奏把观众都拉回了座位。艾灵顿感受到了观众情绪的变化，催促着冈萨尔维斯再接再厉。

两分钟的独奏过后，原本闷得想要回家的观众们突然爆发了，大声叫好。一个穿着无肩带夏装的金发女郎走到舞台边跳起舞来，然后越来越多的人加入了跳舞的行列。台上，艾灵顿和乐队成员向着冈萨尔维斯大喊大叫，给他鼓劲。整个人群已经陷入了一种癫狂的状态，导演乔治·韦恩不停地向艾灵顿打手势，让他停下来，因为害怕引发骚乱。艾灵顿摇着手向他大喊："这太不尊重艺术家吧！"冈萨尔维斯的独奏持续了将近7分钟。一曲终了，人们蜂拥到台边。韦恩恳请艾灵顿赶紧离开舞台以保安全。艾灵顿没理他，接着又唱了四首安可曲。

第二天，乐队的表演出现在国际各大报刊的头版上，头条标题醒目地写着："艾灵顿回归！"几周后，艾灵顿登上了《时代》(Time)周刊的封面。乐队在新港音乐节上演出的唱片匆匆赶制出来，并售出超过100万张，成为艾灵顿一生中最为成功的一张唱片。

艾灵顿重生了。他此后再也没有去室内溜冰场伴奏，而且他在职业生涯的最后几年接连创作了一批令人叹为观止的新作品。艾灵顿70岁的时候，在白宫举办了生日宴会。

人们常常会把这个故事看作幸运的救赎：一个走下坡路的艺人，在天时地利之下通过"最后一站"的奇迹重塑演艺生涯的辉煌。然而，如果我们思考得更深入，就会发现这是正向力在发挥作用。

即使艾灵顿公爵的歌曲在当时已经不再流行，他也从来没有放弃对演艺事业的热爱。他依然维持着乐队，并不断地巡回演出，自掏腰包弥补乐队的亏空。

他就是这样一个勤勉的音乐人。当大众的音乐口味改变之后,虽然他的声誉受到了影响,但他的自我认知(勤勉)和成就(经典曲目)却得以保持,且无可争议。

他对自己的工作一直抱持着非常积极的态度。新港之夜让他把这种态度传达给全世界。

在新港,人们终于得以见证艾灵顿一直以来抱持的信念。在新港,整个世界都听到了艾灵顿的声音,就像他听到自己的声音一样。

正向力瞬间

能力再高也敌不过坏印象

—— 接受:你能改变哪些事情? ——

珍妮特(Janet)不是传统意义上的好的战略型领袖,但她仍然是一个卓越的战略型领袖。人们把她视作公司里最优秀、最纯粹的生意人,连CEO也望尘莫及。她能够得心应手地把战略思想和执行技巧结合,这样的才能并不多见。她手下有一批能力很强的人,后者不断接受她的教导。对她而言,最重要的事就是维护并发展她的团队。人们都乐于为她工作。她不断地创造出骄人的业绩,每一季度都有上佳表现,而她所带来的创新也能够在未来创造财富。

然而,一旦珍妮特走出她的"信任圈"和公司总部的人打交道时,就会出现一些严重问题。当与其他部门领导坐在一起的时候,她的那种培养和保护自己的团队的本能就变成了强烈的对峙姿态。尽管有着非常优秀的业务成绩,但珍妮特总想着向其他部门领导证明自己。她不遗余力地和其他部门领导竞争，争取资源和支持。有时候她竞争得太过厉害，其他部门的领导对这种"有你没我"的态度感到很不愉快。在开会的时候，任何争论都要以她胜出宣告结束，她认为这是正当的竞争，但其他领导则认为她这样的做法是咄咄逼人、不愿合作。大家都不明白为什么她不能认可别人的观点，并且偶尔也成就别人的胜利。

这是一个典型的分裂型正向力的案例：在某一方面正向力很高，但在另一方面则非常低。在这一点上，她和许多其他拥有较高能力的人并无不同。典型的例子是计算机编程人员和工程师：解决问题发挥创意的时候正向力高昂，提交文案的时候则正向力低落。当和团队一起工作的时候，珍妮特的正向力简直无可比拟，但一旦和其他同事坐在一起，她的正向力就跌至谷底。她与自己的团队在一起时散发出来的积极的精神在她和总部的同事们在一起的时候，就变成了负面的情绪，而且每个人都会注意到这种负面情绪。

如果珍妮特能够待在自己的小圈子不出去，光是带领她的团队工作，也不会是什么大问题，但是CEO把她看作明日之星，想让她接她老板的班。珍妮特手下掌握着公司非常重要的产品部门，她的决策会影响到公司的各个领域。

但珍妮特的正向力只在某一方能发挥作用，而且不管她如何天赋异禀，她都不能置同事于不顾，一直当独行侠。如果让她接替老板，那她就会凌驾于她当前疏远的那些部门领导之上。CEO相信，如果现在把珍妮特升职，其他部门就会有人辞职。

第 1 部分　**重拾直面生活的勇气**

珍妮特所面临的挑战是，需要把她的商业和人际技能应用到所有的利益相关者身上，包括那些能够成就或者毁掉她的前途的同事们。她也许终有一天会成为公司的高管，但她必须学会如何与同事和直接下属共处。如果她做不到这一点，她的现状就相当不容乐观，而最后，她的负面态度将耗尽她所建立起来的自我认知和声誉。她的同僚会成为她的老板，而她也将会发现，如果一个人在生活中的不同方面的正向力有高有低，那么，最终将由正向力较低的方面决定她留给人们的最持久的形象。

在做高管教练的大部分的时间里，我都把我的使命定位为帮助我的客户在人际交往上实现积极的变化。这一使命至今仍未改变，我依然想要帮助人们建立更好的人际关系，我主要关注人们内心的感受，并改变人们对生活的意义和幸福的看法。

我在写作《习惯力》的时候，彼得·德鲁克（Peter Drucker）的话给了我很大的启发：我所认识的领导者们，半数以上都不需要学习该做什么，他们需要了解不该做什么。在那本书里，我提出了 21 个妨碍人们取得成功的行为，都是一些非常令人生厌的人际关系上的坏习惯，比如求胜欲太强、发表攻击性的评论、惩罚报信人等。在那本书里，我主要集中精力帮助人们改变他们的行为和形象。

在本书中，我将主要阐述人们如何在生活中获得更多的意义和幸福。这就是拥有正向力的好处：更多的意义，更多的幸福。不仅对组织的领导者如此，对我们所有的人也都如此，它适用于我们生活的各个方面，因为我们的研究明确地表明，在工作中拥有较高正向力的人在生活中正向力也相对较高。

17

养老金和"铁饭碗"都不能为人生幸福买单

在工作中,常常有人这样问我:"到底是哪一种特质使得成功人士和普通人迥然有异?"我的目标就是为这个问题提供一个恰当的答案。

一般,我会这样回答:真正的成功人士把他们一生大部分的时间投入那些既能使人生更有意义,又能让他们感到幸福的行动中去。用本书的话说,真正的成功人士都拥有正向力。

然后我会附加说明一点:唯一能够决定你的人生意义和幸福的人就是你自己。

本书的主旨就在于此。

抬头看看你身边的人们。世界正在不断地变化。有些变化发生得很快,但只是暂时性的,比如你的房子的价格正在缩水,你的401K养老金计划变成了201K,你的朋友或邻居正处于失业边缘;有些变化比较巨大,也比较持久,比如每天都有曾经风光无限的大型企业关门倒闭,金融巨擘一夜之间烟消云散。

整个社会所面临的挑战对我们的生活产生了巨大的影响。专业人士们加班的时间更长,面对的压力就更大。新技术使得我们可以全天候保持联络,而专业人士和普通工人、工作和家庭的边界也日益模糊。寻求人生的意义和幸福变得更富挑战性,意义也更为深远。

这是一个迷惘的年代。不仅失业和财务状况岌岌可危的人的正向力受到了重创,那些已经实现了他们的美国梦的人似乎也在劫难逃。

我的客户吉姆是一个超级成功的企业家,他曾创办一家公司,然后他把这家公司出售,拿到的数额大得超乎他的想象。他和家人搬到了风景优美的乡下。从表面看来，他几乎拥有了一切。但就在极短的一段时间过后，他的正向力如烟消散。每天在乡村俱乐部和老人们打高尔夫，每天坐在同一张桌子旁吃同样的鸡肉沙拉三明治，聊着胆囊手术，回想过去那些光辉的岁月。

他很快就厌倦了这样的生活。他这样浑浑噩噩地过了将近两年，回想起来，他说那是他生命中最糟糕的两年。他的不满情绪越来越严重，他的妻子和孩子都开始和他疏远，身边的其他人也对他感到厌烦。他感到自己的生命简直毫无意义。

最终，他投身于慈善事业，充分发挥了自己解决问题的能力，以便为他人做出贡献，并且因此重新获得了正向力。他为自己的生活注入了意义和幸福，这也就是当年他为自己的企业打拼时所感受到那种人生意义和幸福。这二者在相似的同时又有所不同，但感觉都非常棒。

如果像这位企业家一样曾经获得巨大成功的聪明人都无法搞定正向力，可以想象这对那些并不幸运的人来说会是多么困难。

在本书中，你将见到形形色色的人，吉姆、梅尔、查克和珍妮特不过是其中的几位而已。你很可能认识一部分这样的人，因为他们和你的同事或者邻居并无不同。你有时候甚至会在其中发现自己的影子。没有人知道全部的答案。我们所有人都会跌跌撞撞，并在某一时刻失去我们的正向力。

不过好消息是，我们面对的几乎所有的挑战都有一个简单的解决方案（简单和容易可不是一回事）。你可以在本书的第3部分找到这些解决方案，我把这些解决方案称为"正向力工具箱"。有些"工具"会比较浅显，有些解决方案则可能与我们的直觉恰好相反，但相信我们都可以做到。就像三分球对一个篮球队而言具有非凡的意义一样，这些工具对生意人的正向力的重要性不言而喻。正是这些工具创造出了变化。

不过，我们还是先来看看你有多少正向力，失去了多少正向力！

第 2 章
一种由内向外散发出来的积极的精神

你有多少正向力呢？你怎么才能知道自己有没有正向力？怎么测量正向力？在开始测量正向力之前，我们先要说说什么是正向力，什么不是正向力，以及没有了正向力会怎么样。

我在第 1 章曾貌似不经意地抛出正向力的概念，你还有一些印象吧？那个定义是这么说的：正向力是我们对当下正在做的事情所抱持的一种由内而外散发出来的积极的精神。这个定义绝不是轻而易举得来的，我可是花了不少工夫。

我曾经一度认为正向力类似于一种"动量"，因为二者都是关于方向（从目前的位置出发，达到心中所设定的目标）和速度（如何尽快达到目标）的函数。

然而后来我意识到，按照这个定义，人们若想拥有正向力，就必须努力变得与现在不一样，或者比现在更好。这与事实并不相符。

很多人都拥有非常棒的正向力，但他们并不需要改变自己，他们在当下就已经找到了幸福和人生的意义。

我们应该如何解释这种情况呢？

另外我还注意到，有那么一些人，他们在追求身外之物（诸如金钱、尊重、权力、地位等）时无往不利。他们能够轻松地超越同侪赢得竞争。但是，他们的成就并不能带给他们内心的满足感，他们也不能从中感受到生命的意义。

我想我们每个人都可能会认识这样的人：表明上看起来春风得意，内心却得不到满足。我们又应该如何解释这种情况呢？

正是因为考虑到以上的问题，我发现正向力不仅是我们连连取胜时那种幸福的眩晕的感受，正向力不仅关乎我们前进的方向或我们改变周遭环境的速度。正向力是我们内心所感与外在表达之间的协调性（或不协调性）的一种呈现。

我给正向力下的操作性定义就是基于这样的思考。我特别强调了"操作性定义"，你可能对这个词语并不熟悉，它是从我的导师保罗·赫塞（Paul Hersey）博士那里学到的术语，他是组织行为学领域的先驱人物之一。每当保罗·赫塞在课堂上讨论诸如"领导力""管理"这样宽泛的概念时，他总会先给这些概念下一个操作性定义。

保罗认为，这些开放式的术语很容易引起语义上的争论，不同的人会给这些词附加不同的意思。如果没有一个清晰的、可操作的定义，那么他讲的是一回事，学生们听的可能是另一回事。他不会说他的定义比其他人的定义更好，他只是讲到，在他的课堂上，他提到的这些词语的含义应该按照这种定义来理解。

赫塞博士从不争论什么是"正确的"定义,或者什么是"最佳的"定义。赫塞博士是一位了不起的老师,原因之一就在于:当他开口讲话的时候,学生们都理解他在讲什么。

因此,请各位铭记正向力的操作性定义:

正向力是我们

对当下正在做的事情

所抱持的一种由内向外

散发出来的积极的精神。

我把这个定义分隔成了几行,就像一首诗一样,因为每一行都需要请大家特别注意。

"积极的精神" 是确定无疑的。这是一种乐观和满足的感觉,同时传达了幸福和人生的意义。

"正在做的事情" 讲的是我们正在努力应对的某项活动或任务,而不是某种心境或状况。举例来说,当我们评估自己工作中的正向力时,并不是在评估办公室的面积,或我们停车位的大小,也不是我们的工资有几位数。这些都是一种状况,而非行动。我们要评估的是我们对手头的工作的投入程度。我们在评估生活中的正向力和工作中的正向力时,还可以把朋友和家人的行动一并考虑进来。

"当下" 的含义虽然简洁明了,但其重要意义不容小视。我们测量的是现时的正向力,而不是不久前的过去或者不确定的将来的正向力。我们过去的正向力已经不复存在,因为变好也罢,变坏也罢,我们已经发生了变化，就像一周前的旧报纸一样没有意义。我们将来的正向力因为还没有出现，仍只是个幻想，并不真实，也就根本无从测量。

幸福或人生的意义必须在当下才能体验到，没有办法等到下周、下个月或明年。这就是大多数成功的专业人士总是处于"开机"状态的原因。他们不会分心做其他事，也不会将事情留待他日。在工作时，他们永远都是活在当下。他们热爱自己所从事的工作，并在当下找到了幸福和人生的意义。

"**由内**"是指测量正向力是一种自我评估的训练，没有所谓的"正确答案"或"错误答案"。没有外部人员来给我们打分，只有你知道自己的感觉。只有你能够给自己评分。这是我从高管教练生涯中学到的一个教训：别人不会因为我而变得更好。我可以提供帮助，指明道路，但客户们的进步是他们自己取得的；他们的进步是源于他们的内心，而非我的内心。

"**向外散发出来**"是指我们内心的感受、对内心感受的表达和他人对此的感知之间的因果关系的一种动态过程。有些人非常热爱他们所从事的工作，却从来不把这种热爱表达出来，这样的人必然会遭到误解，他们的正向力及其职业生涯都会因此受到影响，无法达到完满的效果。有的人讨厌他们从事的工作，表面上却装出一副积极向上的样子，这样的人不过是个骗子，心口不一终究会让他们付出代价。

这个定义的每一部分都非常重要，去掉其中任何一部分，整个概念就会垮掉。"向外散发出来"将各个部分有效结合，对于那些与你打交道的人而言，这一部分是最具决定意义的。

积极的精神：为出色地完成工作而高兴

有一回，我汽车的后防护板被撞了一个坑。事发当时，我离家不到 100 英尺（1 英尺约等于 0.305 米），车速也仅每小时两千米左右。然而损失已经造成了：防护板被撞出了一个篮球大小的圆形大坑。我把车开到经销商那里，经销商告诉我说，因为防护板是塑料复合而成的，不是金属，没法复原。而换一个新的防护板和一个后顶盖侧板需要花 1 800 美元。我找到附近的另外一家店，看看是否能便宜点，然而他们的价格也是一样。一位邻居在看到这个大坑后，建议我到新开的一家车身修理厂去试试。

修理厂的老板是一个二十多岁的年轻人，看见我开车过来就迎了出来。他看了看车身损坏的状况，对我说："这个是塑料的没错，不过有时候给它加加热，它还是可以恢复原状的。进来吧，先喝杯咖啡，我来加热试试。可以的话，半个小时就能搞定。要是不行，我们再想别的办法。"

我在店里边喝咖啡边等着，30 分钟过后，我问柜台后面的年轻的女孩子："我的车怎么样了？"

"哦，他刚弄完，搞定了，"她说，"总共 63.75 美元，含税。"

我确认了价格之后，把信用卡递给她，然后一边走出来看我的汽车，一边难以置信地盯着收据看。

年轻人就站在我的汽车的旁边，脸上满是阳光般的笑容，用手指着防护板。原来的大坑已经不见了，车漆也修补得很漂亮。一切都在 30 分钟之内完成了，花费还不到 100 美元。

我握着他的手向他道谢，之后绕过车身，坐进车里。这时，他对我说："碰到一个帮你省钱的修车工，这感觉不错吧？"

这个年轻人无疑是拥有正向力。他不但乐于花时间在我的防护板上做试验，还为我省下了时间和金钱，这说明他的内心里有积极的精神。不过，看到他在自己完成的作品旁边骄傲地站着，我才真正感到震惊。这是他明确地向外传达他积极的态度的一种方式，以便全世界的人都能感受得到。一个人如果能够因为工作完成得出色而由衷地感到高兴的话，就算没赚什么钱，他在正向力方面就是富有的，且永远不会流失。

这个年轻人的表现让人觉得传达积极的精神不过是件轻而易举的事，但有时候，无论我们对所做的事情抱有多积极的精神，我们都无法把这种精神传达出去。我们太专注于完成手里的任务，并且认为别人能够读懂我们心里和脑子里的想法。我们自认为我们的想法非常清楚，不可能会招致误读。

由内向外散发：停止喊叫，花更多精力鼓舞他人

几年前，我认识了一位名叫德里克（Derek）的主管。他是一家工厂的新任经理，他被"空降"到这个工厂来挽救其每况愈下的状况。如果他不能把工厂扭亏为盈，工厂就会倒闭，所有的员工都要下岗。德里克的老板们对成功整改并不抱太大的希望，他们对德里克打包票说，不管结果如何，他的工作都是有保障的。他们说："结果你不用管，只要尽力就好了。"

上任6个月后,德里克已经爱上了居住在工厂周围的小镇居民,当地人对外来人表现出来的友好使他深受感动。他也了解工厂对小镇的未来意味着什么。他若是失败了,很多家庭就会陷入困顿。因此,为了挽救这个工厂,他每周工作80个小时,承受着巨大的压力。

后来我在该公司开展了一个领导力发展项目,碰到了德里克。作为项目的一部分,德里克收到了来自他的直接下属和同事匿名的全面测评结果。当和我一起分析测评结果的时候,他吃惊不已。他在"尊重他人"一项的得分在公司内几乎是最低的。

"说我不尊重别人,这太难以置信了,"他说,"我整天为了帮他们忙得不可开交,难道他们就这么感谢我吗?"

待他平静下来之后,我们开始仔细阅读书面评语,于是问题也逐渐变得明朗起来。德里克非常努力地想挽救这个工厂,但他没有意识到自己与他人的沟通存在着问题。当他自认在帮全体人员保住饭碗的时候,别人却只看到一个承受着巨大压力、易怒、妄下断言、心存不满的领导者。他会因为下属的无心之过而大发雷霆。他几乎总是以粗暴叫喊的方式发出命令,根本听不进别人的意见。回想起自己平日的作风,德里克发现在日常交往中,自己内心所感受到对他人的尊重和他实际表现出来的尊重之间发生了严重的脱节。

"我就像个对孩子采用训斥和胁迫手段的望子成龙的家长,"他说,"用痛打他们的方式来挽救他们看来是行不通的。"

这次测评的结果对德里克触动很大,他下决心要有所改变。他让所有人都知道,自己已经意识到了内心的感受和外在表现之间的不一致性。他请求大家再给他一次机会。

一年后，当我再次碰到德里克时，他在"尊重他人"一项的得分有了显著提高。在工厂里，人们把他的存在看作催人进取的力量，而不是破坏士气的力量。他在老板们那里为工厂争取了更多的时间，并集中精力于让工厂扭亏为盈。他依然在打一场艰苦的战斗，不过他已经从人们眼中的"愤怒的战士"转型为"开心的战士"。就个人而言，他的压力已不那么大了，人也更加心平气和。

这个例子说明了定义中"由内向外散发出来"这一部分为什么如此重要。如果某项活动有其他人的参与，那我们就不能认定我们内心所感受到的东西就是我们对外表达出来的东西。有时候，我们需要确保我们的积极情绪能够有效地传达出去，而这可能比活动本身花的力气更多。

消极的精神：厌恶工作却不敢辞职

保罗·赫塞还教导我，在给一个术语下定义的时候，想想它的反义词往往会有所帮助。琢磨出一个正向力的反义词并不是太困难的事。想到那些对当下正在做的事情所抱持的一种由内向外散发出来的消极的精神的人，这个反义词简直就已经呼之欲出了。负向力！

这样的人工作的时候百无聊赖、垂头丧气，对他们暗无天日的职业生涯感到烦恼不已，并把他们的凄苦向全世界的人倾诉。负向力这个词的发音恰好可以惟妙惟肖地刻画出他们的处境——毫无快乐[1]。

---

[1] 英文原文为 no joy，其发音与负向力 nojo 相近。

正向力和负向力的对比本身已经十分明显，在此仅简单罗列，见表 2.1。

表 2.1 正向力和负向力的对比

正向力	负向力
承担责任	扮受害者
不断前行	原地踏步
总是多做一点	稍稍合格即可
乐此不疲	勉强去做
主动抓住机遇	等人发号施令
尽力而为	勉强忍受
给人以启发	让人觉得讨厌
知恩图报	愤愤不平
好奇心强	无动于衷
关心他人	漠不关心
生机勃发	行尸走肉
清醒	昏昏欲睡

就我的经验来看，服务业内正向力与负向力之间的差异最为明显。当两个做同样工作的员工同时为我提供服务的时候，这种对比尤为强烈。就拿乘飞机来说吧。我曾经一年之内飞 185 天，这样的生活接连持续了 30 年。

我曾和数以千计的空服人员打过交道。大多数的空服人员都非常尽职、专业，力求为乘客提供最优质的服务。他们都表现出了正向力。但也有一些性情暴躁的空服人员，他们的行为让我感觉到他们极不情愿和我同处一个机舱。他们表现出来的是负向力。正向力空服人员和负向力空服人员在同样的时间里拿同样的薪水，为同一家航空公司的相同的顾客提供完全相同的服务，但不同的人向外界传达出来的信息大相径庭。

饭店是观赏正向力的竞技场，观察饭店里的服务员比观察空服人员的收获更多。饭店的档次千差万别，有金碧辉煌、美食盛馔的兰宫桂殿，也有方便价廉、简易实惠的路边摊档。你可以在不同的饭店里看到形形色色的人。作为顾客，你常常要和服务员打交道。最后，你会根据服务员的表现付给他小费。

判断服务员是否愿意侍奉客人进餐或做其他事情并不困难。在法国，侍奉客人进餐是一个高贵的职业，而非走投无路不得已而为之的贱役。在美国，人们只有在没有其他选择的时候才去饭店做服务员，在饭店做服务员或一个弹性比较大的工作，可以让人们边工作边忙其他的事。在纽约或洛杉矶这样的文化之都，半数的服务员是那些想要成为演员、画家或作家的人。这无可厚非，他们在完善技巧、参加选角试演或写作第一本小说的同时，还要想办法谋生。

我所感兴趣的是，对于这样一份能在餐后赚取一点小费的工作，服务员所表现出来的态度（或者说正向力）竟天差地别。由于侍奉客人进餐是一个单纯的"以服务换金钱"的工作，我们自然地认为服务员们应该忠诚地给客人点餐、上菜、时刻关注客人的需求但又不能死盯着客人不放，服务员被要求做事殷勤、不打扰客人，并且能随时改正错误。

简而言之，就是要把该做的事做好，尽力争取最多的小费。毕竟在人们看来，服务员侍奉客人进餐就是为了赚取小费。

表现上佳的服务员对这种程序了如指掌。他们对工作非常投入。不管当时的情境感觉如何，他们都会散发出一种积极的精神（正向力很高）。客人在给小费时，也往往会把这种积极的精神考虑在内。也就是说，服务员的正向力换来了现金。

表现差劲的服务员认为做这种工作有失体面，你会发觉他们因为这个工作而感到丢脸（正向力很低），而且他们实际上更喜欢这个工作之外的生活（正向力较高）。如果服务员的态度影响了客人的进餐情绪，那么他们消极、负面的行为只能使他们拿到很少的小费。

那些把这种工作当成贱役的服务员的正向力也比较低。这倒不是因为他们工作外的生活更能代表他们真实的自我，他们只是别无选择才做了这份工作。他们对侍奉客人进餐的细微之处全不在意，并且侍奉客人进餐对他们来说也毫无满足感可言。

当然，一些人是以当服务生为职业的。这些人大多在金碧辉煌的大饭店里工作，他们工资颇丰，小费也很不错。他们做服务员是出于自愿，而不是命运的玩弄，或者走投无路才以此为生。他们受过专业的训练，从来不会让客人觉得他们对自己的工作有任何不满。他们能够从工作中得到满足感。如果哪一天他们情绪很差，也不会在客人面前表露出来。他们的收入相当丰厚，并且理所应当。

我的一个朋友约翰·巴尔多尼（John Baldoni）最近举办了一场领导力研讨会。约翰使用了正向力和负向力框架来描述员工对其工作的投入程度。其中一个参会者说："我敢打赌，在座每个人的公司里都有这样的负向力典型！"随后，他又加了一句："我们恨不得这些人尽快消失。"

转变的契机：测量职业和个人正向力

看过了空服人员和饭店服务员的例子，我们就会明白工作的性质并不是正向力的决定因素，因为那些优秀的和差劲的空服人员所做的工作是完全相同的。

我相信正向力和某些其他的因素相关。我们应该怎么测量呢？

后来，我灵光一闪，意识到我们所有人都有两种形式的正向力：职业的正向力和个人的正向力。职业的正向力用以测量我们在采取任何行动时的技巧和态度，个人的正向力则由某一特定的活动所带给我们的益处来衡量。

利用这个框架，我们能简单地进行一个测试，以测量我们在从事某一件活动时的正向力。要想把某个活动做好，我们需要具备 5 项特质：动机、才识、能力、自信和诚意。相应地，如果活动进行得很成功，我们就能得到 5 个益处：幸福、回报、意义、学识和感恩。

现在开始测试。想象一下你一天的生活。选择你认为比较重要的一项活动，就下列 10 个活动给自己打分，得分从 1 分到 10 分，10 分为最高。完美的正向力得分为 100 分。

职业的正向力：你给这项活动带来了什么？

1. **动机**：你想要把这个活动干得非常漂亮。如果你只是想走走过场，你的得分就会很低。

2. **才识**：你了解要做什么，并且知道如何去做。如果你对过程或事情的轻重缓急一知半解，你的得分就会很低。

3. 能力：你拥有成功完成任务所需的技能。如果这项活动超出了你的能力范围，你的得分就会很低。

4. 自信：在进行这项活动的时候，你对自己非常有把握。如果你感到没有把握或缺乏安全感，你的得分就会很低。

5. 诚意：你对这项活动表现出来的热情是真诚的。如果你只是在假装或者委屈自己，你的得分就会很低。

个人的正向力：这项活动给你带来了什么？

6. 幸福：从事这项活动让你感到快乐。如果这项活动丝毫不能引起你的兴趣，让你感到不痛快，或者让你不开心，你的得分就会很低。

7. 回报：这项活动能够带给你物质或精神上的奖励，而你非常看重这种奖励。如果这项活动根本没有回报，或这种回报对你而言毫无意义，你的得分就会很低。

8. 意义：这项活动的结果对你而言很有意义。如果完成这项活动后你并不觉得有成就感，或者你觉得这项活动不能产生更大的益处，你的得分就会很低。

9. 学识：这项活动有助于你学习成长。如果你觉得自己根本就毫无进步，什么也没有学到，你的得分就会很低。

10. 感恩：你为能够从事这项活动心怀感激，并且相信你所花费的时间都是值得的。如果你觉得这样利用你的时间不值得，或者很后悔做这件事，你的得分就会很低。

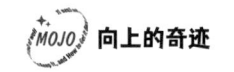

尽管这个测试很简单，却并不一定很容易，因为这是一个自我评估的测试，没有所谓的正确答案或错误答案。你自己给自己打分。说这个测试困难，原因也正是如此。很多成功人士都有高估自己的强项和低估自己的劣势的倾向。我们常常没有自己想象的那么聪明，那么好看，那么技艺娴熟。在测量自己的正向力的时候，请一定要牢记这一点。

举个例子，如果你在某项活动中，给自己的才识或能力打了10分，这很有可能说明你对自己的评价并不现实。我们大多数人都有需要改进的地方，特别是在才识和能力方面。即便是著名的高尔夫球手泰格·伍兹（Tiger Woods），也未必会给自己的击球能力打10分吧。

因此，你在这个时候应该冷静下来，问问自己，如果是同事给你打分，他们会打10分吗？如果你确信他们会，那么就给自己10分好了。记住，没有任何人会知道这个测试的结果，除了你自己。你完全没有理由欺骗自己。这是你给自己做的！

这个测试不是做一次便结束了。它占用不了多少时间，因此，你有时候甚至可以（或者说应该）在参加不同的活动时给自己做一次测试。正向力记分卡与高尔夫记分卡大同小异。

打高尔夫时，你要在每次进洞后把标准击杆赛的分数记下来，在一轮结束之后把击球次数加总，以此来衡量你的成绩。记分卡可以清楚地表明，在一轮比赛中，你哪些地方做得不错，哪些地方差强人意。正向力记分卡也具有同样的功能。一天中，你可以在完成任何一个单独的事件或项目。不管是一次两个小时的午餐会，还是与客户的一通5分钟的电话，或者用半小时来回复电子邮件，抑或是结束了一次长途旅行。然后，记下自己在这 10 个方面的得分。

只有完成下一项活动，你才可以对上一项活动进行评分，除非当天的工作全部结束。最后，把你的得分加总，除以当天活动的次数，得出一整天工作时间的平均正向力得分。

这样坚持几天之后，你就会发现一定的规律，了解到自己哪些方面正向力较强，哪些方面正向力较弱。你还会发现哪些不断重复的活动会给你带来最大的满足感。举个例子，有一位媒体主管在填写了记分卡之后告诉我，当前他正向力最高的时候是每天的午餐时间。他说："基本上，我的工作最让我感兴趣的一点就是午餐。"

"是午餐食物的原因还是公司的原因呢？"我问他。

"都不是，"他说，"就是这种情形本身。午餐对我来说就是一次信息搜集活动，也是一个销售机会。我常常和这个行业里那些我熟悉的而且喜欢的人一起吃午餐。

"如果我遇到的是第一次见面的陌生人，我是不会跟他们一起吃午餐的。因为这样做的风险太高。要是我们相处得不愉快怎么办？互相没感觉怎么办？没有共同兴趣怎么办？那顿午餐对我们双方而言都将变得冗长而劳累不堪。因此，我会和我喜欢的并且处于同一行业的人一起吃午餐。我们互相交流信息和行业观点，交换意见，并帮助对方解决问题。

"这对我而言是非常有趣的，而且我感到很满足，尤其是在我能够利用自己的专长给对方提出建议的时候。或者反过来：我的午饭搭档给我分享一些我能够有效利用的新情况。这是个双赢的局面。我们双方之中，一方得到了帮助朋友的满足感，另一方得到了帮助。

特别是，有时候我会在午餐的时候成功地把我的服务推销出去。我享受销售的过程，喜欢努力让人们来购买我的产品的感觉。每天的这个时候，我都知道我能尽自己最大的努力得到最佳的回报。"

听到这番解释，我相信这位媒体主管在午餐时的正向力应该有8、9分，甚至是10分。在审视记分卡之前，这位主管从未对自己有过这样的认知。此外，他学到的一个关键是：在一天中的其他时间内也尽量做到和午餐时一样。

我们在给自己打分时还会有其他的认识。我们会了解到：我们所有人每天都在扮演不止一个角色。我确信，如果我们把一天的活动分解成独立的任务，就会发现每个人都同时发挥着多种功能。举例而言，一个中层管理人员在一天内不同的时间里可能会进行不同的活动，比如指挥团队、参加会议、推销、填写报告或者处理文件。这就代表了5种不同的角色：老板、员工、危机经理、销售员和文员，而这位中层管理人员的5种角色的正向力得分可能相差甚远。

正向力记分卡："难道我真的要做这些事吗？"

我们当中的很多人在工作之余还要扮演多种角色，比如志愿者、家长或者少年棒球联赛教练。如果某项活动对你来说很重要，不管这项活动是你赖以维生的生计还是茶余饭后的消遣，我们都应该把它放到记分卡上，你是否听到它在叫喊着让你对它进行评估？

我们在家庭中的正向力也非常重要，甚至可以说比我们在工作时的正向力更重要。

我正常一天工作的记分卡是这样的（见表2.2）：

第1部分 重拾直面生活的勇气

表 2.2 马歇尔的正向力记分卡

	活动	职业的正向力						个人的正向力						正向力得分
		动机	才识	能力	自信	诚意	总计	幸福	回报	意义	学识	感恩	总计	
1	教学 3 小时	10	10	10	10	10	50	10	8	8	4	9	39	89
2	与客户通话 1 小时	10	10	10	10	10	50	8	10	10	10	9	47	97
3	办公室内务管理	5	5	7	7	9	33	4	6	5	2	6	23	56
4	飞往芝加哥航班 2 小时;写作	5	10	7	6	5	33	3	2	5	4	2	16	49
5	与客户进餐 2 小时	8	10	10	8	8	44	8	9	10	7	5	39	83
6	处理电子邮件 1 小时	5	8	8	7	6	34	3	4	4	2	2	15	49
7	上网 1 小时	×	×	×	×	×	×	2	1	1	3	1	8	8
8	给家里打电话	9	8	8	8	10	43	10	9	9	8	10	46	89
9	与"教练"联络	9	10	10	10	10	49	9	10	10	10	10	49	98
10														
11														
12														
13														

37

活动 1：通常，我每个工作日的第一件可以独立测量的"事件"就是 3 个小时的教学环节，从 8:00 到 11:00，在康涅狄格州斯坦福市给 30 个人力资源专业人员讲课。我热爱教学，我力所能及做得最好的事大概就是教学了。

在当天的教学过程中，我并没有学到很多东西，我从其他工作中学到的可能还更多一些（因此学识的得分比较低），但我认为教学对我而言不但非常有意义，而且有很好的回报。我为此付出了很多，同时也收获了很多。

活动 2：从 11:30 到 12:30，我按照计划给客户打电话。我热衷于和客户进行沟通。本次的电话沟通表明一切都进行得非常顺利。

活动 3：从 12:30 到 13:00，我在去机场（需要搭乘飞机去芝加哥）的路上，通过电话对圣迭戈办公室进行了一番工作布置。这是一项我需要做但并不喜欢做的事。事后想想，从我在此项的得分来看，也许我不必亲自做这些。（这是正向力记分卡的好处之一，它促使我们审视生活中出现的问题。）

活动 4：利用飞往芝加哥的 2 个小时的时间写作本书。当天的写作过程很艰难，我心绪不宁，写得不好。

活动 5：与参加我教练课程的一个客户一同进餐，他是一个制造业家族企业的 CEO。这一活动进行得很顺利。但在用餐之后我有些疲倦，似乎不应该在这个时间安排这次会面。

活动 6：本来安排了 2 个小时的时间写作本书。但第一个小时用来回复电子邮件。这是一项我需要做但不喜欢做的活动,我的得分可以表明这一点。

活动7:利用原本计划用来写书的另外一个小时上网了。这并不能算一项"专业"的活动,因此我并没有在"职业的正向力"项目下对这项活动打分。事后回想一下,这项活动几乎没有什么回报,这段时间基本相当于浪费掉了。对我的教训:警惕漫无目的地上网!

活动8:给家里电话。这是我当天最有意义和最值得的活动之一。

活动9:晚上10点,给我的"教练"打电话报到,评议我的目标达成一览表。当天的这项活动,在个人方面和专业方面都令我受益匪浅。

虽然大家都把我视为一名高管教练,但我的记分卡清楚地表明,我在日常生活中同时担当着不同的角色。

通过观察记分卡,我发现自己在教学或做辅导时正向力水平比较高。我同时还很喜欢学习和与家人交流。写作是我生活中非常重要的一部分,但这项工作更加具有挑战性。我的性格比较外向,喜欢与人沟通。伟大的作家都需要一些"独处时间"以进行写作,而我却很难做到这一点。近些年来虽有所改善,但我仍然相信我还需不断努力提高自己的写作能力,以达到读者所期待的水平。

在应对工作中的一些基本的杂务时,我的正向力得分非常低。和大多数人一样,我把这段时间浪费掉了。当天,"上网"非但没有带来任何专业上的助益,其过程本身就是一种浪费。

从我的评述中，大家可以看到，我们可以利用正向力记分卡加深对自身的了解。我们会发现需要在哪些方面多花一些时间，在哪些方面寻求他人的帮助，并且了解到虽然有时候我们并不喜欢所做的事情，但在不得不做的情况下要"调整态度"。

我这样做并非想要说明我的工作有多复杂，相反，从多个角度而言，我过着非常简单的生活。我的授课对象有时候是几百人，有时候只有一人。我曾不断地打电话；曾坐在笔记本电脑前写书；也曾把大量时间花在了机场休息室里和飞机上，从一个航班转到另一个航班。不同的任务，不同的角色。这些活动各自代表了我生活的一个侧面，是我生活的一部分。当我问自己"我在干什么"的时候，我要把这些都考虑进来。

大多数生活在 21 世纪的成功的生意人都在同时执行着多个任务，在生活的复杂程度方面，我与他们并没有什么不同：

◎ 某位孜孜不倦的单身主管，把大量闲暇时间用来照料上了年纪的双亲。他扮演着两个角色：在专业方面，他是个生意人；在个人方面，他是儿子。

◎ 某位广告公司的创意总监，头衔多得数不过来：她写书、画插画、招揽客户、管理着一批人、奖掖后进，她还经常代表整个公司露面。在这些工作当中，她至少扮演着 6 个角色，很可能更多。

◎ 某位小企业的创始人，能够承担（并且真正地做过）公司里的每一项工作，无论是在生产车间，还是在后勤部门，

第1部分　重拾直面生活的勇气

无论是在展室，还是在管理部门，他所扮演的角色可谓不胜枚举，我们只能笼统地称他为企业家，或者业主。

每个人每天都在运用各种技能，并且创造出不同水平的正向力。正因如此，确立或重获正向力的第一步就是要做这个测试，以确定你在一天里给每项活动带来了什么，以及每项活动给你带来了什么。如果不做测试，你可能永远无法一一列举到底哪些任务占去了你大部分的时间，无法意识到这些任务对你到底重不重要。

也许，你永远也不会明白，每一项活动，不论其形式如何，都代表了你的一个侧面，是你的生活的一部分。一旦你把记分卡上所有的数字加总起来，你就会不得不停下来，问问自己："难道我真的要做这些事吗？"

第 3 章
真正的转变在一次次问答中悄然发生

我在帮助成功人士认清他们生活中"真正重要的"要素时，5个关键变量出现在我们的眼前（非按重要程度排序）：

健康　　财富　　关系　　幸福　　意义

我之前的一本书《习惯力》主要讲的是如何构建积极的关系，本书则将主要关注成功生活的两大要素：幸福和意义。

我们每个人都想拥有幸福和意义，恐怕没有什么人会说"我就是想过凄惨空洞的生活"这样的话吧！

我们总会时不时地听到一些似是而非的说法。我们可以称之为正向力迷思。

我希望大家牢牢记住下面的话，把它烙印在脑海里：

◎ 我们在生活中本能的反应不是为了体验幸福。
◎ 我们在生活中本能的反应不是为了体验生命的意义。
◎ 我们在生活中本能的反应是为了体验惰性。

换句话说，我们每天最经常做的事就是接着做手头正在做的事。

如果你曾有过看完一个电视节目后，被动地接着看这个频道的下一个节目的经历，你就可以了解惰性的力量。如果想要换台，你只要按一下遥控器上的按钮就可以了，花费的能量还不到1卡，但有很多人没法做到。更甚者，某些人的惰性强大到他们连按一下遥控器关闭电视都做不到。即便我们不喜欢手头正在做的事，还是会接着做下去。

考虑到惰性的因素，我几乎可以断言：你在接下来的5分钟之内，极有可能会选择继续做你现在正在做的事。如果你现在正在读书，那么接下来的5分钟，你很有可能仍在读书。换作其他的日常行为，也概莫能外。如果你现在正在喝酒、锻炼、购物或上网，那么接下来的5分钟，你很有可能仍然在喝酒、锻炼、购物或上网。仔细想想这句话，看看用在你自己的生活中是否合适。

如果我们在工作的时候心情很差，我们很有可能会把这种恶劣的情绪带回家里。反之亦然，如果我们在家里的时候心情很差，我们很有可能会把这种恶劣的情绪带到工作中去。我没有说惰性预测百试百灵，因为很显然，我们常常会从一项活动转到另外一项活动，但是这个预测短期而言可信度是非常高的。

了解了正向力迷思之后，你就会意识到它在生活中可能产生的麻疗效果，知道它不仅会让我们在毫无意识的情况下保持吃东西或看电视的状态，还会影响到生活中真正重要的事情，比如幸福的水平和人生的意义，这样你就会更加积极地思考，对日常的行为做出改变。

如何打破惰性的循环呢？也许你认为这需要发挥巨大的意志力，非也，只要一个简单的自律。

在此之前，我先讲一则背景故事。20年前，当我正在为财富100公司举办的领导力培训做准备时，一家公司的高管问了我一个非常有道理的问题："那些参加领导力培训的人真的会有所改变吗？"

我诚恳地回答说："我不知道。"尽管多年以来我给几十家公司进行过很多类似的培训，但我从未对客户进行跟访。我并不了解他们是否认真对待了培训，并且按照我的指导行事。于是，我开始对客户进行回访、收集资料、提出"有谁真的改变了吗"这个问题。这项回访调查最初的受访人员有86 000名，而随着时间的推移，我们的数据库里已经有了超过250 000名受访者。

现在，我对这个问题的答案非常明确：在没有持续跟进的情况下，很少有人能达成积极、持久的改变。除非知道有人会在当天（或者当周、当月）结束后对他们所承诺的事项进行评定，否则大部分人都会因为惰性而没有任何改变，他们会继续做他们过去一直在做的事。他们并没有改变自己的行为，因而也没有变得更为有力。

相对地，如果他们知道有人（比如他们的教练、同事或者经理）在看着他们，对他们投以注意，关心他们，或者提出跟进问题以对他们进行评定，那么他们做出改变的可能性就会大大增加。因此，关键在于利用多种方式进行测量和跟进。

停下来，想一想，再做出选择

我们是否可以在不依赖外部因素（比如某位经理或者高管教练）的情况下，仍能有效监督自己，从而促进积极的变化呢？我们是否能够成为自己的"变化要素"呢？是否有一种手段，能让我们自己坚持跟进问题，并为自己提供答案呢？

我提出了一个办法，可以为正向力迷思提供解决方案。这是一项实验，我希望大家都来试一下。

每一天，我希望你们能够对当天的每一个活动就下面两个问题从1到10（10分为最高分）给自己打分。

◎ 这项活动给我带来了多少长期利益或者意义？
◎ 这项活动给我带来了多少短期的满足感和幸福？

把每天的活动记录下来，不论是在工作中的还是在家里，用上面两个问题来衡量每一项活动。

这里没有所谓的"正确"答案。没有所谓的及格分。没有任何人能够代替你回答这两个问题，因为这是你对幸福和人生意义的体验。尽力做到最好。不必绞尽脑汁地苦想。花上几秒钟，记下你的得分就可以了。一天结束之后，你就会得到一个记录着你当天对幸福和人生意义的体验的表格。

如果你这样去做了，那么你所得到的将不仅仅是一个分数。

我确信，如果你了解到自己有生之年的所有活动都将根据上述两个简单的问题进行评分，那么在每项活动中你都会体验到更多的幸福和意义，因而你的生活就会更加幸福，更有意义。

一旦知道自己会对每项活动进行评定，你对这项活动的体验就会有所改变。你会变得更用心，更清醒。如果你知道你的经理将会观察你的某项任务并对之进行评定，你就会产生一种动力。而自我评定与这种情形极为相似。相比于没有人评定你的表现时，在受监督的时候你很可能会做得更好，人性即如此。

在我们还是小学生的时候就已经有过这种体验了：老师一离开教室，大家就开始乱作一团；等到老师回来，大家又立刻变回乖学生。如果知道有人会对我们进行评价，我们就会更加注意自己的行为、表现和在别人眼中的形象。这与本实验唯一的区别就在于，本实验是由你自己来提出问题并对自己进行评定。

我相信，这种自我导向的跟进会发挥明显作用，我在做高管教练的过程中和自己的生活中都曾目睹其功用，对活动进行评定迫使你打破惰性。

长期利益和短期满足感可以兼得？

假设你对某个目标非常感兴趣，比如说在法国南部度假，于是你打开笔记本电脑，在谷歌（Google）或必应（Bing）等搜索引擎里敲几个关键词，然后对结果进行筛选。一个小时之后，你还待在电脑屏幕前，对在法国南部度假这件事毫无头绪，仍在不停地点击、阅读、点击、阅读。

第1部分　重拾直面生活的勇气

　　实际上，你可能已经完全忘记了在法国南部度假这件事，而只是在网上漫无目的地浏览其他内容。如果你和其他数以百万计的成年人一样拥有笔记本电脑，且能用无线上网，那么，这项活动（漫无目的地上网）很有可能在你没有意识到的情况下占用了你过多的时间。但如果你提前知道1个小时后你要评估这项活动给你带来多少短期的满足感和长期的利益，我相信你就会在上网之前多想一想到底是不是需要上网，或者更小心谨慎地利用上网的时间，更多地关注其短期和长期的利益。

　　这就是自我导向跟进的力量，它不仅告诉我们活动之后要做什么，还让我们在活动之前三思而行。

　　最近我在上网的时候，就采取了这个办法。在花1个小时漫无目的地点击各个链接，浏览各个页面之前，我会问自己两个问题："下1个小时我能够得到多少幸福？下1个小时能够带给我多少意义？"有些时候，我的结论是上网会带给我短期的满足感和长期的利益，因为我需要相关的信息，而且搜索这些信息可以让我学到不少东西。但很多时候，我发现上网只是一种效率低的选择，因为自己不愿意去做更重要的活动，上网只不过是浪费时间罢了。不管我的结论如何，自我测试已经对我的行动产生了作用：我要么放弃这项活动，要么想办法在这项活动中获取更多的满足感和利益。

　　这个办法非常简单，人们可能会对它的效用有所怀疑。不过当你发现它确实能够增加你的幸福感和生活的意义，你肯定会大吃一惊。这里我可以举两个例子。

　　我有一个客户，作为一名CEO，他有着特别的嗜好——爱挖苦

47

员工。针对他的情况，我把前面提到的两个问题简化为一个只有4个字的测试。我告诉他，在他开口说出让他后悔的话之前问问自己：这值得吗？一开始他有些半信半疑。我对他解释说，当你不想被打扰时，你就会把房门关上，这个问题的作用也是如此。

门本身不会把所有人拒之于外，但会让别人在敲门之前多想一想。使用这个方法1年之后，他很吃惊地发现，他要说的话有一半是"不值得说"的。于是他再未说出那些话，并且在1年的时间内，成了比以前更有能力的领导者。

在我写作本书的时候，全球经济正处于非常不确定的时期。我常常告诫那些在大公司的朋友们：今年不是个"彰显自我"的好年头。我的两位朋友都坚称，一个简单的问题改变了他们的生活，并使他们得到了非常重要的提升，那就是在讲话前先吸一口气，然后问自己："我想要说的或想要做的对我和我爱的人是最有利的吗？"如果答案是"不是"，那么在你说或者做之前就要好好想想了。

这个简单的"问两个问题"的自律方法可以应用在任何一项活动上。假设你现在要去参加一个会议，时间为1个小时，且不能缺席。你最初的想法可能是：这个会议超级无聊，真是浪费时间。但在这种情况下，你要快进1个小时，问自己两个问题：这次活动带给了我哪些长期利益或意义？这次活动带给了我多少短期的满足感和幸福？记住，这是你的生活。

如果这次会议让你觉得难以忍受，空洞无物，那么这也是你所感受到的难受和空洞。因此，你应该尽量利用这种形势，而不是把自己当成一个受害者。

你有两种选择。第一种选择是惨兮兮地参加会议（很有可能连带其他参会人员也都变得惨兮兮）。第二种选择是设法使这次会议变得更有意义、更有乐趣，这样做的方法有很多，比如你可以比以往更仔细地观察你的同事，或者向参会者提出你长久以来一直想问的问题，或者想出一个有利于未来发展的有创意的想法。

你可能会觉得你能做的非常有限，但事实并非如此。不过如果你事先不向自己提出那两个问题，你很有可能永远也不会去考虑其他的解决之道。

你现在所做的，就是要改变应对各种活动的方式。你需要改变自己的心态。你将再也不必受惰性的控制，也就是说，你再也不会漫无目的地接着做手里正在做的事了，你现在比以往更留神、更警觉、更清醒。

请你在阅读本书的过程中，一直记住这一点。这是我们征服惰性、去除其负面效应以及无意识行动的利器，也是我们解决正向力迷思的法宝。借此我们可以重新掌控自己的未来，并创造出积极的变化。正向力就是从这里开始。

Part 2
第 2 部分

最好的时代，也是最坏的时代

在这个新世界里，正向力对职业人士而言
已经不是一种选择，而是一种必需。

第 4 章
身份认知：你认为你是谁？

在测量你的正向力水平之前，你必须确定"你"是谁以及你如何定义自己。

如果有人问我这个问题，我会不假思索地说："我帮助成功人士达成积极、持久的行为上的变化。"这句话很好地概括了我对自己作为一名专业人士的看法，我想我几乎可以把这句话文在额头上了。

然而，我对自己的定义并非一向如此。

14岁的时候，我对自己的认知不过是一个"泯然众人"的孩子。几年后，我成为家里第一个拿到大学毕业证的人。没到30岁，我就拿到了加州大学洛杉矶分校组织行为学的博士学位，并在芝加哥洛约拉大学谋得一席教职。这时，我把自己看作一个研究人员和教职人员。直到40岁（对大多数人来讲已经是生年过半了）的时候，我才给自己下了这个简洁扼要的定义：我帮助成功人士达成积极、持久的行为上的变化。那么，现在请告诉我：你认为你是谁呢？

不用着急，慢慢地想，这项测试并非只有一个正确答案。我相信这个问题会难倒很大一批人。

身份认知问题比较复杂，尤其是在我们不知道如何才能找到最佳答案的情况下，就更为棘手。很多人会一头扎进过去，试图通过一些标志性事件、刻骨铭心的胜利或者苦痛的灾难来定义自己。还有一些人会利用他人的"证供"，比如老板或者老师的评语，来对自己进行界定。还有一些人穿越到未来，把那个他们想要成为的人当成现时的自己。

我们先把问题复杂的部分放一放吧。只有把它简化，我们才能认清自己的身份，并且采取一些措施。

本质上说，我们的身份由两组互为补充和竞争的要素决定（如图4.1）。

	未来	
程序化的身份认知		创造的身份认知
他人		自己
得自他人的身份认知		记忆中的身份认知
	过去	

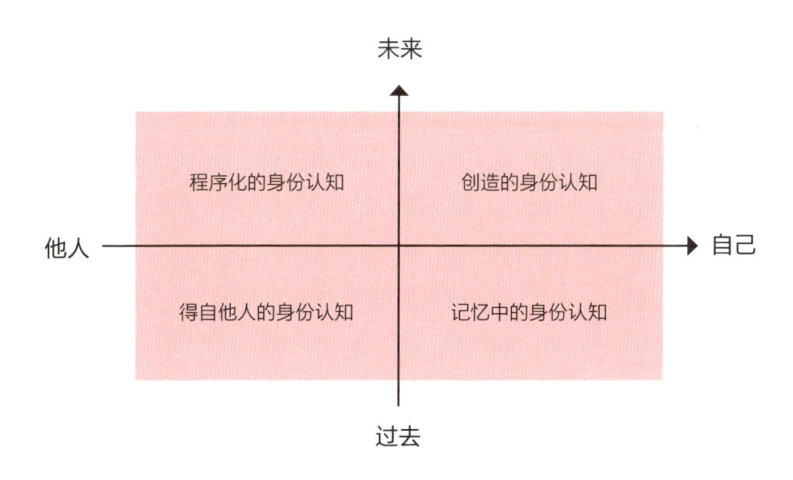

图 4.1　身份认知的要素

纵轴代表过去和未来的相互作用。我花了大量的时间，告诉客户不要紧抓住过去不放，不要把过去作为当下和未来行为的借口。但问题是，我们对自己的认知是由过去来决定的，这一点无可回避。与此同时，如果我们想在生活中达成积极的变化，就需要知道我们未来会怎样（不是我们认为自己未来会成为什么样的人，而是我们想成为什么样的人）。我们在安逸的过去和未知的未来之间游弋，而这场过去与未来之间的角力常常会让我们感到头晕目眩。

横轴代表自我印象和他人对我们的印象之间的对比，我们为他人对我们的看法和我们对自己的看法赋予不同的权重。

由横轴和纵轴分隔的四个部分代表了我们身份认知的四种不同的来源，而每一种来源都会对我们的正向力产生影响。

记忆中最不堪的自己，其实早已不在

图 4.1 右下象限由自己和过去所构成的区域代表我们记忆中的身份认知。你怎么知道你是谁呢？你记得过去所发生的事情，因此，你能凭此形成对自我的感知。不过这些事不一定非得是可以写进自传的光辉时刻，或者那些你宁愿不曾发生的事件。

重要的是，你不可以忘记这些试金石。不论是好的方面，还是坏的方面，这些事件都已造成相应的后果，在你对自己进行评定时，这些事件都应该包括在内。

成功人士对其自我价值有着非常强烈的感知，他们倾向于发掘过去的那些闪光的钻石，而对散乱的煤渣不屑一顾。他们这样做，部分原因在于自我保护。归根结底,有哪个头脑正常的人会抓住过去那些痛苦的、难堪的事情不放呢?更别说利用这些事件来对自己进行定位了。问题在于,对过去挖掘得越深,你的"记忆中的身份认知"越可能和今天的你不匹配。这个世界上有很多人在十几岁的时候都曾出类拔萃,但如果哪个成年人的评语中写着"小时候很出众",这该是多么悲哀的事啊。

同样,有很多人职场人士都曾犯过错误,但那些错误并不一定能够准确表明他们现在是什么样的人。

我记得曾让我的一个才华横溢而不露锋芒的客户(他有着相当辉煌的业绩)把他作为高管的强项和弱项详细列举出来。

"嗯,我不是很善于跟进。"他说。

"为什么这么说呢?"我问。

"我在生意场上最为严重的一次失败就是因为我没有很好地关注客户,"他说,"我没有像他们希望的那样时常和他们沟通。我电话回得不及时,有时候答应的事情也没有做到,或者没有及时做到,并因为这个原因失去客户。"

通过他的直接下属和同事的反馈,我了解到,他是一个很有能力的领导者,手下管着几千名员工。他在行为上有一些问题,但"不善于跟进"并不在此列。

"上次客户反馈说你没有有效跟进是什么时候?"我问他。

"有一段时间了,至少有10年了吧。"

"那你怎么还坚称自己不善于跟进呢?"我又问。

"我就是记得自己在跟进方面做得不好。"他笑了。

这个例子说明，在创造正向力时，记忆的身份认知常会把我们骗到。回到过去找到自己的优缺点无可厚非，但对过去念念不忘则有可能导致全盘皆错，创造出一幅模糊的人像，而这个人已经不存在了。

揪着你的过去不放，也没资格参与你的未来

图 4.1 左下象限由过去和他人的意见构成的区域代表得自他人的身份认知。其他人会记住发生在你身上的往事，并时不时地提醒你。那位高管声称自己不善跟进是一回事，但要是他的老板或者妻子、客户也这样告诉他，那就是另外一回事了。这会强化他对自己在这方面的认知。大家都知道这就是所谓的反馈。他人的反馈决定了我们的得自他人的身份认知。

作为以反馈为工具帮助他人达成积极改变的专业人士，我绝不会低估反馈的价值。但同时我也要指出，并非所有的反馈都是本着诚信和谅解的精神而做出的。

有时候是你的配偶对你偶尔的过失抓住不放；有可能是你的某位同事，利用一切机会提醒你曾经在工作中把事情搞砸；也有可能是你的老板，他对你的唯一印象就是你在某次会议中的发言不得体，而每当你的名字出现在他的面前，你在那次会议中留下的坏印象就会在他的脑海反复出现。某位经理经常嘲讽他的一位助理的工作习惯，因为这位助理拒绝把他与老板的早晨电话安排在假日。

在我看来，这种注重工作生活平衡的态度十分值得欣赏，但这位经理则认为助理脑子里只想着朝九晚五，对工作不够投入。

有些反馈不失公平，但有些反馈不过是企业中的互相揶揄和玩笑，主要是一些幽默和风趣的段子。如果我们希望成为他人所认为的那种人，错误的反馈就会造成自我限制，并产生不利的影响。

那些不断让你想起自己最差劲的时刻的人（他们在暗示：你在这些时刻的表现才是真实的你）和你的那些得知你正在节食减肥却坚持"来吧，偶尔放纵一下也没有关系嘛，再吃块蛋糕"的朋友并无不同，他们都希望你变回过去的你，不接受现在的你或者你有可能成为的那个你。

我们固然要重视他们对我们的身份认知，但我们也必须抱着审慎地怀疑的态度。最糟糕的状况是，这些认知建立在道听途说和传言的基础之上，无论是夸赞你还是贬低你，都不是对你自身的真实反映。

此外，即便你的得自他人的身份认知是确切的，其也未必就能起到预测的作用。我们都会变的！

把一切都归咎于原生家庭，你就心安了吗？

图 4.1 左上象限代表程序化的身份认知，是由他人所发出的你是什么样的人或你将成为什么样的人之类的信息所得到的结果。在我还小的时候，我的母亲在我脑中烙下了两个根深蒂固的观念：（1）我比所有邻居的小孩都聪明，（2）我是个邋遢大王。现在我认识到，第一个观念源自母亲望子成龙的愿望，而第二个观念源自母亲对整齐和干净的严苛要求。

在听着母亲的话长大之后，我对自己的智慧抱有极大的信心（坦白地讲,这种信心完全是一种错觉),并且真的成了一个无可救药的邋遢大王。母亲的这种"编程"是成就我的特质的原因。直到我了解了身份认知的理论之后,才终于明白:(1)我没有那么聪明,(2)我并不是注定要成为一个邋遢大王。

当我即将从学校毕业的时候,我发现了一个令人震惊的事实:我的老师和同学都曾被他们的父母或其他亲人夸赞为非常聪明的人,而且让我感到沮丧的是,他们看起来都比我更聪明。我不得不仔细掂量母亲的基因。同时,为了提高我找女朋友的效率,我还努力让自己不那么邋遢。

即便是在最极端的情况下,程序化的身份认知也会有一些积极的作用。海军陆战队在为新兵打造新的身份认知方面做得非常出色,后者只需在新兵训练营经过短短 8 周时间即可完成这一过程。

新兵们在训练的时候不仅要把自己当作一名战士,还要把自己当成一个作战集团的一分子,这样一来,他们在战斗的时候就会知道战友是其坚强后盾,从而英勇无畏地战斗。陆战队员会在身上文"Semper Fi"[①]的字样,并把海军战士作为他们毕生的身份认知,其原因也在于此。同时,这也是被送往本土接受治疗的伤兵一旦痊愈就要求回到作战单位的原因,他们希望获得某种更高级的身份认知。他们接受的就是这样的训练。海军陆战队已经成为他们身份认知的核心部分。

每个人的程序化的身份认知都有很多种来源,并受到所从事的职业、成长的文化背景、供职的单位、所处的行业以及所信任的朋友

[①] 即 Semper Fidelis,意为"永远忠诚",于 1883 年被海军陆战队采纳为官方座右铭。该座右铭在 1867 年时就以纹章装饰在陆战队员头盔上的老鹰衔着的缎带上。

等诸多因素的影响。所有这些都会影响你对自己的看法，并且某些因素的影响可能远超你的想象。

前不久，我碰到了读大学时的一个老朋友，我们已经有很多年没见面了。记忆中他是一个温和而认真的学术型人物，最喜欢凭空设想一些社会实验，并撰写相关论文。后来，他觉得搞学术赚的钱不足以维持生活开销，于是就做了华尔街的交易员。我和他聊了聊新职业这几年的情况，发现他的个性发生了非常大的变化。他变得非常积极进取，并十分热衷于赚钱。

"你与上次在心理实验室时有了很大的不同啊。"我试图和坐在我面前的这个"新"人开玩笑。

"还不是企业文化造成的，"他说，"公司里的每一个人都是为了赚钱才来的。人们对我说，要想在这个行业取得成功，我就必须和其他人一样。我想我已经做到了。"

换句话说，他知道自己已经被改造了，并且这种改变也并非毫无弊端。但他仍然乐于用这个行业的程序化的特性来界定他的新性格。

这也是我们急于接受程序化的身份认知的问题所在：它有可能成为我们为自己行为的失误打掩护的替罪羊。

我曾受邀对一个希腊裔美国人进行辅导，他在"尊重同事和下属"方面的得分糟糕透顶。在我检查同事对他的反馈时，他第一句话就是："不知道你以前是否和希腊人打过交道……"

我截住他的话头说："我和很多希腊人打过交道，大家并不认为他们吝啬或无礼。不要把你自己的问题和苏格拉底扯上关系。"在他的观念里，他之所以像一个傻瓜，那完全是由文化传承造成的。

这些年来，我已经见过太多以"文化"为借口的人了。我曾听过专横跋扈、一意孤行的人抱怨他们的父母把他们宠坏了，他想要什么父母就给他什么（都是父母的错）。

我曾听过超重的人抱怨说，由于基因的关系他们一磅也减不掉（都是基因的错）；我曾听过褊狭的人把自己的不宽容归咎于他们从小生活的、可恨而狭隘的小镇（都是邻居的错）；我曾听极富侵略精神的"不要挡着我"的销售人员说，他们粗野的行为完全是因为公司奉行了达尔文主义的文化（都是公司的错）。

在某一时刻，通常是在经历了两到三次的负向力瞬间（比如被炒鱿鱼或者错过升职的机会）之后，我们才终于明白不应该把一切问题都归咎于基因。这时，我们才懂得不再把过错归咎于过去和其他人身上，而是真正开始从自己身上找原因。

被时代抛弃的只是自我的虚假

图 4.1 右上象限由自己和未来构成的区域代表创造的身份认知。所谓创造的身份认知，即我们决定为自己创造出来的那个身份认知，后者不受我们的过去和他人的控制。我见过的真正的成功人士大多都为自己创造了他们想要成为的身份认知，既不为过去也不为他人所奴役。这个概念是正向力最为核心的要素。

在做高管教练期间，我成功地帮助客户在行为上实现积极、持久的改变。如今随着年龄的增长，我开始意识到我应该帮助他们改变自己的身份认知，也就是改变他们定义自我的方式。如果我们只改变自己的行为，而不改变自己的身份认知，那么不论取得怎样的成绩，我们都会觉得自己"太假"或者"不真实"。如果我们能够改变自己的行为，并且改变定义自我的方式，我们就可以做到既多变又真实。

我不是一个天真派。我不相信仅仅因为我们决定这样做，就能够成为任何我们想要成为的人。我永远也不会成为一名专业的篮球运动员。无论我有多么积极的想法，勒布朗·詹姆斯（LeBron James）都不会觉得我能对他构成威胁。

我们每个人都会受到现实的身体、环境和智力的限制，而这些限制是我们永远都无法克服的。大量研究表明，我们不可能利用"积极的思想"去打破身体局限这个现实。

然而另一方面，人们在自己不受限制的时候所能做出的改变又会让我感到惊奇。在我的职业生涯中，我曾亲眼看见很多领导者在待人接物和自我认知等方面都实现了非常巨大、积极的改变。我的经验以及我对大多数人都能够改变自己的行为和身份认知的信念，构成了本书的写作基础。

我们的创造的身份认知使我们可以成为一个不同的人。我们可以改变自己以适应时代的变革，并实现更高的目标。

我曾经遇过一个人，在一次晚宴的时候，我恰好坐在他的旁边，他在几年的时间里彻底地改变了自己的身份认知。这个人就是波诺（Bono），爱尔兰超级乐队 U2 的主唱。

当时我对波诺知之甚少。我作为"上了点年纪"的人，虽然知道他的名字，却对他的任何一张唱片都不了解，这让我有些尴尬。有人告诉我他是当时最红的摇滚明星之一。这样的大牌明星，受邀发言的主题竟然是怎样让世界变得更加美好,而不是他的音乐,这让我感到不可思议。

然而我的运气还算不错,他并没有问我任何关于他的唱片的问题。我们一直在讨论生活。从某种意义上来讲,波诺对他的身份认知思考颇多并不让人惊讶。成功的音乐人(30 年过后依然能令体育场座无虚席,保住旧有粉丝的同时还能吸引新的听众)往往都是创造的身份认知的大师。我想,当有人把你的形象印在海报、CD 封面或 T 恤上的时候,你就一定要把握自己的身份认知,否则别人就会掌控你。

我对波诺的状况颇有耳闻。他不仅成功地改变了自己的身份认知,并保持着真实的自我,就这一点而言,他树立了一个绝佳的榜样。

始终如一:从满口粗话到诺贝尔和平奖提名

早些年,波诺的身份是"平常人":一个来自都柏林的家伙,经常和朋友们混在一起。从我们的谈话中我发现他作为"平常人"的身份认知并没有完全消失,因为他并不想丢弃最初的自己。他还因为反复讲某个不雅词向我道歉。虽然他名声在外而且身家不菲,但他给我的印象依然是一个平常人。他不会自命不凡,也不会夸夸其谈、自我吹捧。而且面对我这个头发花白还有些秃顶的素未谋面的人,他还是小心、客气的,生怕会冒犯了我。

"平常人"波诺不久之后成了"摇滚迷",和很多他那个年纪的孩子一样,他钟爱音乐。一谈到那些对他的一生产生了巨大影响的音乐人,谈到他在青年时代如何喜欢听他们的歌,他立刻变得眉飞色舞。他还说他现在仍然喜欢听新乐团的歌曲。

波诺接下来的身份是"音乐人"。他向我讲述了他如何热衷于做自己的音乐,能够找到自己热爱的事业是何等幸运。他还提到了与朋友们组建乐队而不必考虑地位或金钱等问题所带来的快乐。通过与他的沟通,我可以清楚地看出,他不仅在当时非常热爱自己作为音乐人的身份认知,他现在仍然保持着这种热情。他做音乐不仅仅是为了赚钱,他是为了做音乐而做音乐。

聊天进行到这里,波诺为我描绘了一个梦想着出人头地的年轻人的奋斗轨迹。接下来所发生的事具有十分深远的影响。他从一个"音乐人"摇身一变成为"摇滚明星"。很显然,他非常喜欢作为摇滚明星的感觉。这种摇滚明星的生活、他的粉丝还有与大人物之间的交往都让他乐在其中。我们聊天的时候,他还自称是"摇滚明星"。

我注意到他在使用这个词的时候,表现出一种非常超然的态度,似乎他觉得这一称呼最能精确描述他所处的这种位置。在公众的视线之外,他是一个"平常人",家中有妻子和孩子。但一旦出现在公众面前,他的身份就成了"摇滚明星"。他并不会表现出傲慢或狂妄,他非常聪明地意识到,这是他的身份认知中非常重要的一部分。

在保持着其他各个身份认知(平常人、摇滚迷、音乐人、摇滚明星等)的同时,波诺还在努力打造一个全新的身份,即人道主义者。他对于这个身份所抱持的专业性和严肃性与其他身份相比有过之而无不及。

他沉痛地叙述了 20 世纪 80 年代大饥荒期间访问非洲时的经历。他谈到了自己如何游说政治领袖们减免非洲的债务。他谈到了自己希望减轻人类的痛苦。毫无疑问,他将把余生很大一部分时间投入人道主义活动，尽其所能让这个世界变得更美好。非洲大饥荒时，我的朋友理查德·舒伯特（Richard Schubert）正担任美国红十字会的CEO，他给了我一个去非洲做志愿者的机会，当时波诺也在非洲。这是我此生最难忘的一次旅行。在非洲的9天里，我看到了很多人挨饿致死，也看到了那些了不起的人道主义者为了尽可能多地帮助当地居民而竭尽全力的感人情景。

在宴会后发表讲话时，波诺并没有对政客、政府或任何人进行抨击，虽然听众提出了几个充满政治意味的问题，试图让他这样做，他仍不为所动。

很显然，他到那里是为了筹款，而不是讨好或打击某一方的政治人物。他想要做的是帮助他人，而不是摆出一副风雅时髦的样子。他是一个有使命感的人。他并没有装成一个人道主义者，因为他就是一个人道主义者。他在向世界展示他的新身份认知时，表现出了令人难以置信的克制。很明显，他的使命比他的自我意识更重要。

晚宴过后，我不禁想起，波诺对他自己的身份认知的分析简直太不同寻常了。

乍一看，这对波诺而言算不上什么成就。毕竟他非常富有，完全有能力为他的人道主义理想而告别摇滚。波诺又是一个名人，他有机会把自己的想法讲出来让所有人听到。他还是一个成功的、有创意的艺术家，这给他带来了大量的听众，不管他说什么，这些人都会听。

但是仔细想想就会发现，至少对创造一个新的身份认知而言，波诺的名人地位就是一把双刃剑。很多人都对名人离开其主要的露面领域（电影、音乐或者体育）进入其他毫无关联的、更为"严肃"的公共话语领域抱有很深的敌意。想想其他明星吧，比如安吉丽娜·朱莉（Angelina Jolie）和已经过世的查尔登·海斯顿（Charlton Heston），他们在试图发表政治意见或者帮助他人的时候虽然赢得了尊敬，却也得到了不少冷嘲热讽。

人们对他们说：干你该干的事去吧，而粉丝和媒体又不断地质疑他们的动机和信念。对波诺而言，他还要面对来自他的乐队的考验。如果他的3位伙伴讨厌他的乌托邦式梦想，或者认为他的使命威胁到了乐队的生存怎么办？对于这些问题他不能等闲视之。波诺不但要为自己创造一个新的身份认知，还要赢得其他乐队成员的支持。

在这种情形下，波诺的自我转型无疑是非常令人敬佩的。他并没有让他过去对自己身份认知的设定限制自己创造其他身份认知的可能。坦白地讲，我觉得正是因为波诺是名人，他创造新的身份认知的难度要比我们普通人更大。我们没有太多丢不下的东西，也不存在打破已有的牢固形象的问题，同时也不会有成千上万的粉丝质疑我们这样做的意图。

可以说，波诺的例子非常有启发意义。很多人都错误地认为我们的身份认知是固定的、无法改变的，至少无法进行重大的改变。这种认知的结果是，我们放弃了创造新身份认知的努力。这也是我们改变正向力时最难以逾越的障碍，我们用自我限制的定义把自己麻醉了。

我们所有人都或多或少地存在这样的问题。我的那位被自己旧日的形象所蒙蔽，而认为自己不善于跟进（多年之后，现实已非如此，而过去的这一事实如今也不具任何意义）的客户实际上是生活在一个虚假的身份认知之中。那个认为一切都应归咎于文化传承的粗鲁的希腊人也是如此,不过他的虚假的身份认知只骗得了他自己。事实上,真正的损失在于,这些束缚了我们的身份认知让我们无法做出改变,无法成为一个比过去的自己更优秀的人。

懒得改变:假性社交恐惧症

如果我们对自己的定义是我们做不好某些事,那么我们就会倾向于创造出一种现实来证实这个论断。有一次,我听见一位客户说,他给人的第一印象很差。但是我第一次见到他的时候,对他的感觉非常好,于是我问他:"那么你在第二次和人见面的时候,采取了什么手段才改变了那个不好的第一印象呢?"接下来的对话就显得有些超现实的意味了。

"一般我第二次见到这个人的时候就会比较放松了。"他说。

"为什么呢?"我问。

"在对他们有了更多了解之后,我就能比较自如地讲话了,甚至会时不时地开个玩笑。我很有信心能够吸引他们。"

"那你第一次为什么就不能呢?"我又问。

"我太害羞了。我不是那种能够和陌生人打成一片的人。"

"但是,你第二次见面的时候就是这样的人了,"我说,"你难道不觉得这很奇怪吗?"

"我一直都是如此。"他说,似乎给自己下了定论,觉得自己无法做出改变,也无法在陌生人面前展现出不同的自我。

显而易见,这位客户在纵容自己的自我限制的行为,用经不起推敲的循环论证逻辑来证明自己的观点。他已经完全放弃了在第一次见面时就赢得他人好感的努力,因为他已经认定自己给别人留下的第一印象很差。这让我大惑不解。但很多人也和他差不多。如果我们告诉自己不擅长销售,或者不善于当众发言和倾听,那我们通常都会想出办法来使这一预言变成现实。我们的失败完全是咎由自取。

总之,我们如何才能知道自己是什么样的人呢?我们最终的身份认知将由记忆中的身份认知、得自他人的身份认知、程序化的身份认知和创造的身份认知共同决定。我的建议很简单。首先,分析一下构成你当前的身份认知的成分。这些成分来自何处?然后弄清楚你怎么看待当前的自己,以及在未来想要成为什么样的人。

如果你对自己当前的身份认知感到满意,那就努力让自己变得更好。如果你想改变自己的身份认知,那么你就要认清这个事实:你能够达成比自己曾经以为的更多的改变。假设你本身不存在"不可矫正的"或"不可改变的"限制,那么你也能像波诺一样在不牺牲过去的身份认知的条件下在未来创造出一个全新的身份认知。

你的正向力就是你对当下正在做的事情所抱持的一种由内向外散发出来的积极的精神。要想理解你和任何活动之间的关系,你就先要理解自己的身份认知:你是谁。

要想改变你的正向力,你就要为自己创造出一个新的身份认知,或者重新发现自己已经丢失的身份认知。

第 5 章
成就：近来你做了什么？

成就是创造正向力的第二个要素。

我们通常会用两种不同的标准来衡量自己的成就。一方面，某些成就能够令他人意识到我们的能力，并获得他人的认可。这也是大部分人在谈到成就时头脑里的想法。另一方面，一些成就只有我们自己知道，与我们自己的能力相关，并让我们对自己感觉良好。这两种方式都有其各自的道理。

我们在前文讨论过，职业的正向力是指我们给工作带来了什么。如果我们拥有所需的动机、能力（或技能）、智慧（或才识）、自信和诚意，以实现目标而言，我们就会成为"赢家"。

◎ 个人的正向力是指工作给我们带来了什么。如果我们从所从事的活动中得到了幸福、回报、意义、学识和感恩，那么，我们就可以当之无愧地称自己为"赢家"。
◎ 职业的正向力和个人的正向力都与我们的成就有关，但二者是两种不同的成就。

在"完美世界"里，这两种成就是一致的，也就是说，我们所从事的给他人留下良好印象的活动也会让我们自己感觉良好。但现实并非尽如人意。有时候我们在工作中的表现极为出色，并且受到高度的赞扬，却丝毫没有改变我们对自身的感受。有时候我们做了一件对整个世界而言都非常有意义的事，却无人喝彩。

要想举出令他人意识到我们的成就的例子并非难事，所有须经他人的考核或评比的活动都能够满足此项要求。最为典型的例子就是专业运动员的工作。如果你是一名棒球运动员，你的职业就和各种测量数据密不可分，这些数据（包括你的击球率、守备率、得点圈打击率等）可以证明你的表现到底怎么样。只要是发生在棒球场上的活动，棒球数据统计人员就有办法对其进行测量。

CEO 所处的环境与运动员相差无几。公司股价的涨跌、每股收益率、投资回报率、市场占有率、利息、税项、折旧及摊销前盈利，他们所做的每一件事都会在记分卡上展示出来，让所有人都知道他们的绩效到底如何。

就业绩测量而言，投资银行家、股票和债券交易员，以及其他金融工程师们的处境要比运动员和 CEO 好一些。他们的能力由其为客户和自身所赚得的金钱来衡量。赚的钱越多，就说明他们干得越好。

确定"近来你做了什么"的测量数据在我们身边无所不在。在回答这个问题时，汽车销售人员会告诉你他们上一季度的汽车销售量；房地产经纪人会拿出一张地图告诉你，他们卖掉了多少房子，还有多少没有卖掉；保险理赔员会计算他们上月解决了多少起索赔案件。

不管我们做什么，总会有人拿着某种形式的测量数据作为衡量成就的标准在一旁徘徊，可能是某位零售经理（他会清点架上的货物以确定哪些商品销路最好），也可能是某位底特律的汽车装配线工人（他知道每95秒就要给卡车安装一个转向机构）。但是，如果你用来测量业绩的标尺与他人的不一致怎么办？如果令他人意识到你的能力并不是驱动你前进的力量又当如何？

这时就要用到第二种标准：你会以对自身和所从事的活动的感觉为基准，来衡量自己的成就。

人道主义者是最典型的例子。他们在非洲与饥饿和疾病做斗争并不是为了以其"人道主义技能"获得他人的认可，也不是为了能在回国后找到一个更好的工作。坦白地讲，很少人会注意到他们所从事的事业。不管是否有人在看着他们，他们都会继续其人道主义工作，因为这样不仅可以帮助他人，还可以使他们感受到生活的美好。

教师、警察、消防员和社工的情况与之类似。他们从事这类工作既不是为了金钱，也不是为了荣耀和掌声。诚然，这些工作中存在着职业主义（努力引起他人的注意以获得晋升的机会）的身影，但职业主义并非主导因素。很多时候，他们对这项工作的自我感觉比上司对他们的看法更有意义。他们的目标是服务他人，这使得工作富有了目的和意义。想必，这些工作能令他们产生美好感觉的原因也就在于此。

音乐人、作家和艺术家也属于这一类。尽管能够"出人头地"

的机会微乎其微（大概是一百万分之一），但仍有很多人坚持从事这些事业，这让人感到惊奇不已。很多人从事某项事业的出发点仅仅是因为这一事业给他们的感觉非常好，演员可能是最典型的例子。演员们都喜欢聚光灯，喜欢抛头露面，因为他们想用自己的能力获得他人的认可。

但是，如果你曾和真正的演员（不论是专业的还是业余的）打过交道就会明白，他人的赞誉和欢呼并不是他们最主要的推动力。而且，即使在批评家对他们的表演大加挞伐的时候，在观众们哈欠连天的时候（这大概是你的能力未能获得认可的最佳例证了吧），演员们依然执着地走在追求艺术的路上，因为这让他们感到美好。对他们而言，演出本身就是最好的回报。

我并没有对这些人进行品评的意思。在回答"近来你做了什么"这个问题的时候，对冲基金经理会暗地计算其净值或者声称他的基金收益当年上涨了12%，救灾工作人员会告诉自己："我在挽救生命。"而这二者是同样可靠的。

对于某些人而言，生活的意义和幸福与财务安全息息相关，而有些人会在帮助他人时发现生活的意义。==如果人们追求着某种目标，并且目的明确，也就是说，他们清楚地知道自己在干什么，那么他们就会拥有所需的正向力。==

百万年薪的公司主管只想当小说家

当我们所用的两种测量成就的标准不一致时，当他人对我们的成就的感受和我们自己的感受不同步时，正向力危机就有可能发生。

这种事在我的工作中司空见惯。以理查德（Richard）为例，他是某公司的联络部主管。表面上看，理查德的工作饶有趣味也富有挑战性。他负责管理比较微妙的投资者关系。他常常要在电台和电视台宣传公司的信息，还要负责应付那些给他们公司或他们的CEO惹麻烦的记者。这项工作内容繁杂，负责人需要面面俱到，且具备很强的创新性和适应性，有时甚至需具有一些吸引人的魅力。

不管怎么说，这个工作绝不会枯燥。理查德擅长这项工作，他做得非常出色，以至于CEO觉得他"不可或缺"，并付给他丰厚的薪酬。如果理查德是用"以自己的能力获得他人的认可"作为衡量成就的标准，那么毫无疑问，他取得了非凡的成功。

但理查德并不认为自己取得了什么成就。没错，他拥有很多成功者的外在标志：在企业中拥有权力和特权，还有丰厚的薪酬，能打扮成西装革履的形象。但唯一的问题在于，他一直认为自己是万不得已才做这项工作的。在他的心目中，他应该是一名富有创意的文字工作者。他在大学的时候写过戏剧和短篇故事。如今，从业二十多年之后，他觉得他所做的大部分工作，尤其是写新闻稿和讲话稿，都不过是一种简单的智力游戏。他一直想做专职作家。他想辞掉这份工作，在家里安心写小说。

"那就辞掉好了，"我告诉他，"回家写小说去吧。"

我很希望他能辞职回家写小说，但我知道他不会这样做。如果理查德真的认为他的使命就是写作，并且有勇气这样做，那么他早就辞职了。他的工作并没有妨碍他做出这样的选择。实际上，正是他的这份高薪工作让他产生了写作的想法。这份工作使他有能力支付各种费用，养家糊口，并且给他提供了作为一个优秀的养家者的满足感。有了这份工作所提供的物质上和精神上的支持，他为什么不能利用晚上或周末的时间写小说呢？他为什么不能每天早上早起，花上一两个小时来写作呢？

虽然我不知道他对此会作何解释（我猜律己不严应该是很大一方面原因吧），但我知道理查德面临着严重的正向力问题。他对他所从事的活动并没有保持一种积极的精神，而他的工作又要求他在老板和同事面前保持积极的态度。这让他觉得自己是个骗子，而且他知道，这会让他变得更不幸和可怜。

理查德面临的是一个典型的正向力困境：他能带给工作的和工作所能带给他的不相匹配，他人对他的成就的界定和他对自己成就的界定不一致。

这两种互相对立的观念给了理查德一丝希望，而后者给了理查德生活下去的理由：终有一天，他会把写作当作唯一的职业，而这种"新的生活"将带给他生命的意义和幸福。

当然，理查德永远也不会知道这种希望是否会变成现实，除非他能够勇于承担风险，迈出关键的一步。否则，一切就只是幻梦，而理查德也只能置身于一种没有着落的状态，不承认这只是个幻梦，并欺骗自己说那是一个真实的选择。这是他的核心信念，并且会用这个信念解释发生在他身上的所有的事。

不幸的是，理查德的案例并非鲜见的个案。每一天我都会见到那些进退两难的人。从世人的角度来看，他们都取得了不同寻常的成就,但他们自己并不这样认为,而他们又无法抛弃这些"成就"所带来的赞誉和认可。与理查德形成鲜明对比的是玛丽(Mary),她也面临着正向力困境。

玛丽为了让自己达成积极的改变,开始从事社工工作。她知道这份工作的工资远远无法和朋友们相比,但这在她刚涉足社工工作时并不是问题。然而随着时间的推移,她开始觉得有些不甘心。她自认为已经帮助了他人,并且做出了积极的改变,而一次高中同学聚会时发生的事让她觉得受到了很深的伤害。

当她看到很多同学住的房子都比她的大,穿的衣服都比她的漂亮时,她感到非常恼火。更让她难以忍受的是,她认为自己的老同学在智力和工作道德方面和她相比都处于"食物链的下端"。这些人没有她聪明,对这个世界也没有什么真正的贡献,却都看不起她,好像她比他们低一等似的!

随着年龄的增长,玛丽的处境每况愈下。

玛丽和理查德的情况就如同一枚硬币的两面。

理查德之所以面临正向力困境是因为别人认为他功成名就,并给予他荣誉和认同;而他之所以进退两难是因为他对自己的成就不以为然,认为自己所从事的活动没有意义。相较之下,玛丽面临正向力困境是因为别人认为她一事无成,而她认为他人并没有给予她应得的荣誉和认同;而她进退两难是因为尽管她认为自己所做的是真正有意义的事,却又无法不受他人看法的影响。

想一想你自己是怎么定义"成就"的。对你而言重要的是什么?对这个世界而言重要的是什么?请诚实地面对自己,看着镜子。认同你的真实动机。不要欺骗自己，不要假装自己不在意他人的看法，或者在意他人的看法。

压力测试：赌你的成就不过是自我感觉良好

我们是在和自己开玩笑吗？每当我向人们提出"近来你做了什么"这个问题时，都会面对这样的困惑。如果我们回答得漫不经心，则很容易得出一连串妄语。

那些取得了较高成就的人最容易犯的错误就是过分高估自己的贡献，把某些不属于他们的成就归于自己名下。我们常常会听到某位同事在提及某个成功的案例时大肆渲染其个人的作用，似乎整个项目是由他一人完成，而这实际上是团队合作的结果。

很多时候，我们即便无法抹杀他人在整个项目中的功绩，也会找出其他夸大个人贡献的方式。我们可能认为自己的业绩在整个公司有炸弹一般的冲击力，但事实上，它不过是和玩具枪一样，没有多大的杀伤力。有时候，某位同事会详尽地给我们讲述某次销售或者与客户见面的"盛况"，我们虽然表面上礼貌地倾听，心里却在想："那又如何？"

人们有时还会提起曾经的成就，而这些成就几乎和目前的状况毫无关系，甚至可以说是"古代史"了。这种情形让人觉得他们太沉迷于过去，并且很长时间都没能做出令人称道的事。

也有一些人恰恰相反，他们倾向于找出自己最近的成就，似乎是因为新近的事件在我们头脑里还比较鲜活，所以，他们认为这类成就在公司占据着极大的权重。心理学家将这种现象称为"近时偏误"。

由于受"近时偏误"的影响，投资者往往会重仓买入某只最近一个季度的表现较好的股票或基金，而实际上比较可靠的考察指标是该股票或基金近 5 ~ 10 年的表现。2001 年"9·11"恐怖袭击之后，很多美国人都担心会发生下一波袭击，然而随着时间的流逝，我们对再发生一次袭击的恐惧也越来越淡。我们在审视自己的成就时倾向于过度重视最近所发生的实例，但是，我们必须明白，最近发生的事例未必最能体现我们的能力。

在确认自己近来取得了哪些成绩的时候，请大家牢记这一点。同时，你还要对每项成就进行压力测试，问问自己：

◎ 这是事实，还是我按照自己的性格或信念进行了过滤？
◎ 我是否高估了自己在此项成果中发挥的作用？
◎ 我是否低估了他人在此项成果中发挥的作用？
◎ 我是否引用了太久以前的成果，而这个成就对目前的状况而言已经不那么可信了？
◎ 我是否因对最近的事印象深刻而赋予了其过多的权重？

清除那些会歪曲真实成就的虚幻的假设，你就会更清楚地看到自己近来到底做了什么。如果你对此没有什么概念，那么你也就无法对自己的未来做出预见。

我们要加深对自己的成就的了解，知道这些成就对我们而言意味着什么，对这个世界而言意味着什么，这样我们就可以提高自己的正向力,并且更为客观地看待自己,判断出什么才是我们生活中最重要的东西。

然后,我们就能勇敢地大步向前,追求那些真正有意义的东西,放开那些与我们的幸福和生命的意义毫无瓜葛的事情。要增加自己的正向力,有两条途径:改变自己的成就(做得怎么样)或改变自己对成就的定义(努力做好哪些事情)。

第 6 章
声誉：别人认为你是怎样的人？

创造正向力的第三个要素是声誉，也就是在你把"你是谁"（身份认知）和"你做了什么"（成就）捆绑到一起，推到世人面前之后，他人对你做出的反应。

你的声誉就是他人对你的身份认知和成就的认可（或排斥）。有时候，他人的看法能够真实地反映出你是谁，有时候却相差甚远。但是大多数情况下，你可能并不知道他人对你的看法。

你的声誉不是靠你一个人建立起来的（按照定义，他人对你的声誉握有一定的话语权）。但是，你可以施加自己的影响。本章中我们将讨论如何影响他人以及声誉如何左右我们的正向力。

通常，我们会认为自己有自己的"个性"，并且把个性定义为"真正的我"，而把声誉定义为"他人眼中的我"。一旦他人的看法和我们对自己的看法不一致，我们就会把他人的看法定义为"错误的"。在某些情况下，承认他人对我们的看法和我们对自己的看法一样准确（或者更准确）是需要一定勇气的。

我们常常意识不到自己的声誉到底如何。虽然我们知道自己对他人的看法，但对于别人怎么看我们，我们往往是蒙在鼓里的。

我们可能不知道别人在背后是怎么说我们的，因此我们也很少有机会能够戳破谬误以正视听（如果他人的说法是错误的），也没有办法闻过则改（如果他人的说法是正确的）。就我的个人经验来看，这也是为什么"声誉"在我们的正向力要素中会受到忽视：因为我们没有足够的信息来采取什么行动，也就不得不忽略。

在给那些想做出改变的高管进行一对一的辅导训练时，我对此深有体会。当时，我做的第一件事就是针对高管们在工作中的行为进行一次360度反馈评估（对于某些高管来说，这是他们第一次被职位低于他们的人进行"审视"）。在反馈评估的过程中，我会和高管的15~20个同事和下属进行面谈，然后把所有人的评语记录下来，并把我的发现告知高管。有那么几次，我的发现对接受"审视"的高管来说无异于"晴天霹雳"，他们均对结果大为吃惊，忍不住惊呼："真的吗？！他们居然认为我……？！"

这些高管都非常聪明、成功，也非常有积极性。他们十分看重他人对自己的看法，并小心翼翼地调整个人的行为，努力使自己的形象与他人的看法相符，并因此走上了今天的高位。然而，我对他们的声誉的"民调"结果常会使他们大跌眼镜。如果这些超级成功的人物有时都会对自己的声誉茫然不知，那么我们普通人对于自己的声誉毫无头绪也就不足为奇了。

快问快答：你在组织或策划下一个行动时，上一次坐下来思考自己的声誉是在什么时候？

事实上，如果你不是一个名人、政治家或其他公众人物（指那些经常在媒体上被品评、抬高或贬低的人），那么你很有可能在工作中从未顾及自己的声誉。也许你从未留意过自己的声誉是什么样，或者希望自己的声誉是什么样。也许你从未请你的同事对此进行反馈。也许你从未想过如何建立良好的声誉。

你可能不过是有一个模糊的概念，知道他人认为自己"不错"，或者"业务挺熟练"，又或者"乐于助人"。但也仅此而已。你可能从未更为深入地了解自己的性格特点、技能、行为和才艺，而这些都会对你的声誉产生重要的影响。

为什么一流方案不如三流方案？

我花了不少时间才想通为什么有那么多人忽视自己的声誉。这并不是因为我们不在乎。我们相当在乎，却常将"让他人觉得自己聪明"的需求和"让他人觉得自己有用"的需求相混淆。这两者并不相同，且通常是其中一者的重要性大于另外一者。

成功人士大都想证明自己有多聪明，这也是一种最危险的冲动。我们还是小学生的时候就已经开始受到这样的训练。老师按照成绩将学生分出三六九等，像筛子一样把他们分为一般学生、聪明学生和超级聪明的学生。

高中、大学和研究生期间亦复如是，而且有愈演愈烈的趋势，因

第 2 部分　最好的时代，也是最坏的时代

为我们这时发现有关聪明与否的竞争会给后半生带来持续的影响，于是这种观念在我们的脑海里更加根深蒂固。等我们步入职场后，这种竞争依然如影随形，不过这时候"成绩单"已经变成了其他的形式，比如升职、薪酬、表扬，而不再是考试分数。我们需要老板和同事们认同我们的能力。

我说这是一种危险的冲动，是因为想要成为"房间里最聪明的人"的这种欲望常常会导致令人难以置信的愚蠢行为。比如进行无谓的争辩，试图证明我们是对的，而别人是错的；或是对那些向我们提供了非常有价值的信息的人声称"我早已经知道了"，尽管这样做会贬低对方的价值；或是誓死捍卫一个人们早已摒弃的观点或决定；又或是一个老板忍不住改进下属的观点，说："这个想法很好，不过这样就会更好……"

坦白地讲，这也是我们大多数人都不善倾听的原因之一。我们太热衷于表现得聪明，因此觉得无须认真听他人的每一句话；我们这么聪明，即使不去理会他人也一样会取得成功。

当然，并不是所有人都会这样。有些人愿意牺牲"聪明"带来的一些快感而换取更有价值的感受：有用，比如能够及时完成任务，激励他人做到最好，或者找到最简洁的解决方案。

如果想知道自己的偏好（聪明还是有用），思考一下这个假设吧，我称之为"健脑丸问题"：

> 有人给了你一颗健脑丸。如果你把药丸吃了，你的聪明程度会比现在提高 10%；在阅读理解、逻辑和辩证思考方面

81

会有较大的提升。但是,对于其他人而言(包括你未来将会遇到的人),他们会认为你的聪明程度比现在降低了20%。

换句话说,你会立刻变得更聪明,但是世界上其他人会觉得你变笨了(而且你绝对无法改变他人的这种认知)。那么你会吃掉这颗健脑丸吗?

你的答案说明了你对声誉所持的态度。很多人都会选择吃掉健脑丸,并为变得更聪明感到高兴,至于他人的看法,随它去吧。

不过就我个人而言,我是不会吃这颗药丸的。这倒不是因为我过于自以为是,对自己的智力感到满意,而是我觉得聪明程度提升10%的得益并不足以弥补世人认为我的聪明程度下降20%的损失。如果我吃掉了药丸,那无异于将我对自己的聪明程度的认知和世人对我的聪明程度的认知之间的差距扩大了30%,而这个巨大的差距将对我的声誉造成沉重的打击,从而增加我的职业压力,我并不希望这样。如果你认为自己很聪明却无力改变他人的看法,那还有什么比这更令人沮丧呢?

现在,我们将"健脑丸问题"放到另外一个情境当中。假设你是一个产品设计工程师,正在为公司研发一种产品。产品设计工程师常常会面对这样一种选择:设计一款有创意的产品,还是设计一款实用的产品。

假设你可以提出一个一流的方案,但该方案将被公司驳回(因为成本、生产难度或其他原因),或者你可以提出另一个方案,这个方案比第一个方案要差20%,但公司愿意接受它。那么你会怎么办?

你是想成为一个能设计一流的产品却从来没办法生产出来的人呢，还是想成为一个能提出切实方案并能够顺利实施项目的人呢？这个问题没有正确答案。有些人不会为了"有用"而对自己的才干和原则做出让步，而有些人却愿意如此。

我想指出的一点是，我们不应该用是否让步的观点来思考这些决策。这样做出的选择是不真实的，是违背我们的信念和目标的。相反，如果我们能够更清楚地考虑我们想要建立的声誉，这些选择将会变得更容易理解，而做出决策也会更容易。

放弃大单更需要智慧和勇气

在我的职业生涯中，我可以通过很多事来塑造自己的声誉。我写书，写文章，写博客，为《哈佛商业评论》(*Harvard Business Review*)、《商业周刊》(*Business Week*) 和《赫芬顿邮报》(*The Huffington Post*) 等撰稿，做演讲，做访谈等，通过这些渠道我可以发出经过深思熟虑的信息以获得我想要的声誉，并且我也非常清楚自己想要什么样的声誉。

我希望他人对我的看法是：一个在帮助成功的领导者达成积极、持久的行为改变上成效卓著的人。在这个领域，我不想仅仅是优秀。我想要的是"最成功的人之一"这样的声誉。

这没什么不好。我这样做与运动员为了获得奥林匹克金牌而努力训练并没有什么不同。尽管听上去确实野心勃勃，但我并非不切实际。我不能因为自己这样说就断言我的声誉就是如此（这毫无意义，因为每个人在自我评估的时候都可能拿到高分)。但这是我的目标,就如同我在本段中所说的那样,我最终会通过卓有成效的工作来赢得这种声誉。要想成为人们眼中的最佳,我就没有犯错误的余地。

出于对我的声誉的考虑,我在职业生涯中做决定前都会问自己:这会让我看起来更聪明,还是更有用?我总会投"有用"的票。我并不想成为人们眼中的"用一套最复杂的理论,帮助他人做出改变的聪明人",我想要成为"在帮助他人做出改变方面成效卓著的人"。

许多年前,我受邀给一位高管进行一对一培训,后者就职于世界上最大,也最知名的公司之一。尽管在那之前,我曾有过在大型公司进行辅导培训的经历,但那仍可谓是我出道以来最重大、最具特别意义的任务。完成这个一对一培训之后,我的声誉提升到了全新的层次。

这家公司没有邀请其他高管教练,而是选择给我打电话,这不仅让我感到受宠若惊,更让我觉得自己已经越来越接近我的目标了。

这位高管非常聪明、积极性很高、业绩极佳、贡献巨大、颇为傲慢、自认为无所不知。他几乎是公司的最高管理层,不过他在人际关系上存在着非常严重的问题。他当时管理着整个公司利润最丰厚的部门,因此,正常情况下,他应该是整个公司最具价值的人员,并且是CEO的第一接班人。我的任务就是帮他打磨他的棱角,以使他的CEO之路更为平坦。

我对这位高管进行了例行的360度反馈面谈。之后,我就评估结果与他进行了讨论。然而,令我意想不到的是,他的态度非常蛮横,对我的意见置若罔闻。尽管我磨破了嘴皮子,他也不愿意接受自己需要改变这个事实。他对此毫不在意。

第 2 部分　**最好的时代，也是最坏的时代**

这时我不得不做出选择：接受这个任务还是放手不管。尽管成功遥遥无期，但我身体里的我（这个我希望公司的最高管理层认为我非常聪明，能够和公司的人员相处甚欢）很重视这次机会，想接下这个任务。我对自己说，不入虎穴焉得虎子？

而身体里的另一个我（这个我时刻关注着我的声誉目标）知道，与这个如此难相处的人进行一对一培训和自掘坟墓没什么区别。我如果不能帮助他改变他的行为，这个任务就失败了，人们也会认为我无能，从而使我的声誉受损。我知道，这个客户并不是真的想改变，而在这一点上我确实无能为力。

最终，我决定放手，不过在放手之前我把我的理由告诉了 CEO。我并不认为我的声誉因而受到了任何影响。表面上看来，放手相当于承认我无力完成此项任务，但事实上出于职业发展和维护我的正向力的考虑，这是我能采取的最为明智的手段。

最后，这位高管遭到解雇，而该公司的 CEO 对我有勇气放弃这样一个能赚大钱的培训项目表示钦佩。

聪明还是有用？如果你不得不在二者之间做出选择，而你的声誉又悬于一线，那么选择后者很有可能会使前者得以巩固。下一次，你如果要在职业上做出选择，请记住"聪明"和"有用"的区别。

如我前面所说，很多人对自己的声誉都不甚了了，这也说明了为什么人们在做决策的时候很少会考虑到事情对声誉的长期影响，而只考虑短期的需求：我的选择是否会"使我的事业更上一层楼"，或者使自己看起来积极主动，或者使自己得到老板的支持，或者很容易地赚上一笔，或者是让自己跑在他人的前面。

85

这些都是同一个问题的不同表现形式："我是否足够聪明"这个问题与"这个选择对我长期的声誉有利还是有害"是不同的。两者的衡量标准完全不同。选择"有用"而非"聪明"最终会有利于个人的声誉、成就和正向力。

立人设：装着装着就成真了

声誉和正向力之间的联系不言自明，因为别人对你的看法会影响到你对自己的感受。如果他人对你从不吝溢美之词，并且你对此非常了然，那么你的精神必然会得到提升，而你的积极的精神又反过来传递给了他人。这正是正向力的本质。

如果他人对我们的看法比较差的话，其中的关联可能就不那么清楚了。因为他人往往不会将负面的评价说出来。大家都有一套类似"说好话，或者不说话"的礼貌理论。因此，我们常常无法了解他人的真实看法，也无法确知我们的声誉如何因错误信息和误解而受影响。

人们在解读他人的行为时，往往会受到其个人喜好的影响。如果你的行为对他们有不利的影响，那么不管你的行为多么正当，多么用心良苦，或者有多么善良的出发点，你的行为的不利影响始终会妨碍他们对你的行动的评价。你是否有过这样的经历：本来是要帮助别人，结果却遭到对方的怨恨或误解？

比如说，你邀请一个同事加入你的团队共同完成一个项目，本意是以为他/她会很高兴有这样的机会，结果这个同事不但不领情，反而认为你是在给他加任务，或想要他/她来帮你干活。最终，你诚心诚意的帮助变成了多管闲事。我们无法准确地预测他人对我们或我们的行为的反应，要是我们能做到这一点的话，就永远都不必说"我本来是想帮助你的"这样的话了。

我们的行为也会因为他人对我们抱有的"习惯思维"而被扭曲。人们根据这种习惯思维来解释我们的行动。这未必是件坏事，而且有时候还会对我们有利。

如果你参加某个公众论坛，而你又被大家认为是某领域最权威的声音，不管你的言论有多么空洞或谬误，你在这群人中都会得到较多的尊重，至少一开始的时候是这样。如果你接连发表了一些愚蠢的见解，那么即使是见识最浅薄的人也会开始怀疑你的"权威性"。

反过来也是如此。如果人们总是听到关于你的坏话，他们就会留意寻找你行为不良的证据。即便你没有做出让他们不可接受的事，他们也会给你的某些行为打上不良的标签，而如果做出这件事的人有着良好的声誉，他们就会觉得这件事根本无可厚非。

如果人们听闻你是一个"难伺候"的人，他们就会按照这种印象来解读你的行为。假设开会的时候，你以为自己正在为某项决策进行有益的辩论，而参加会议的其他人因为已经事先把你视为一个"难伺候"的人，就会貌似很包容地点头称是而内心里却在骂你。

人际交往间的这些细微之处（主要是他人先入为主的见解）会对我们的声誉产生影响。如果这样的情形比较少，其所产生的影响也就不足为虑。但如果我们对此听之任之（因为不知道或不在意），我们总有一天要面对丑陋的现实。

这个时候，我们就不得不面对这个重大的问题：你能够塑造或改变自己的声誉吗？

简单的回答是：可以。但这并不容易，并且需要花费很长的时间。

首先我们要知道，我们的声誉不会在一夕之间因为某次灾难性事件的发生而被决定。如果你搞砸了一次，且后果严重，人们才会注意到这件事，但他们不会因为这件事而形成对你恒久不变的看法。

我记得有个娱乐界的朋友，他豪赌了一把，把公司几百万美元的资金押在一个电影明星身上。然而，项目最终一败涂地，公司的全部投资血本无归。所有认识这位朋友的人都以为他在劫难逃了，他的声誉会因为这次重大的失败而永远无法挽回。然而事实并非如此。

一开始，人们为他感到难过，后来人们变得怀旧，并拿他这个遭遇开玩笑。就像某家人回忆一两年前的一次非常糟糕的度假旅行一样，虽然他们曾感到非常沮丧，但回想起来还颇有些趣味。

最后，让人难以理解的是，他的声誉反而因为这件事扶摇直上。在公司里，人们把他当成一名勇气可嘉的剑客，在他人步步为营的时候勇于孤注一掷地打全垒。这是一个能够在"大联盟"打球的家伙！不久之后，人们把他这次灾难性的失败仅仅看成是赌输一次。

如我所说，人们是宽容的。令人费解的是，有时候人们对某次胜利的反应反而不那么激烈。如果你在出道伊始（刚步入职场或刚接到一个新任务时）就一鸣惊人，人们虽然会承认你的成功，但同时也会以观望的姿态看你是否能够再来一次。

如果你接下来的表现不能令人们满意，他们就会认为你一开始的成功不过是侥幸罢了。所谓"昙花一现"的评价就是这样形成的。

当成功成为你的标签

声誉是在一系列类似行为的基础上形成的。一旦他人发现了你行为上的某种模式,你的声誉就会由此形成。

比如,某天你要在一次会议上做报告。当众演讲是一件令很多成年人都担忧的事,但你这次报告做得很顺利,没有被打断也没有失误,可以说非常完美。于是你成为一个能在众人前讲话的人,知识面广,能够掌控现场,表达清晰流利。参加会议的人都被你征服了。以前他们并没有意识到你这方面的能力。

尽管如此,你并没有在这一刻获得了不起的演讲家的荣誉,但人们的头脑中已经形成这个印象。如果你能够一次又一次地重复这种成功,最终你作为一名优秀演讲家的声誉就会确立下来。

不良的声誉也是日积月累建立起来的。比如说你是一个新任经理,正面临着上任以来的第一次重大危机。你可能头脑清晰,表现得从容淡定,主动解决问题;你也可能感到一头雾水,显得惊慌失措,被动等待着事态好转。一切都由你选择。

在这种情形下,如果你没有表现出领导的作风,你的团队将会遭到沉重的打击。不过幸运的是,你的"不善应付压力"的声誉并不会立刻不胫而走,毕竟一切还有待观察。这粒种子已经播下了,人们都在盯着你,等着看你会不会再次做出这样的表现。一旦你又一次在危机中领导不力,你"在关键时刻掉链子"的声誉就实至名归了。

真正让我感到困惑的是,我们当中许多人都没有注意到重复的力量。我们常常会注意到他人在与我们交往中的某种行为模式,就像一个玩扑克或纸牌游戏的人会观察对手的一举一动，察言观色以寻找蛛丝马迹。如果你是一名销售员，在与某位客户打过多次交道之后，你一定知道，一旦你暗示他说还有别人有兴趣要买，那这个客户往往会出手。如果你是一名经理，在开过几次哭哭啼啼的会议之后，你一定知道，如果你再说什么尖刻的话，你的助手就会泪流满面。如果你是一个助手，被老板训斥了几次之后，你一定知道，要在老板开始工作之前把咖啡准备妥当。

当我们与他人一同工作的时候，我们会意识到他人的声誉，并对这种声誉抱有警觉和一定的洞见。但当我们面对自己的时候，我们的洞见就消失不见了。那位一听到有人对他的交易感兴趣就按捺不住的客户很可能并不知道自己给别人留下了这种印象，如果他知道，肯定会改变自己的行为方式。同样，那位在开始工作之前需要喝咖啡的老板对他的助手是如何辅助他的也可能一无所知。

我们如果不注意自己重复的行为，也就无法像他人一样看到一种行为模式。这些行为模式塑造了我们的声誉，我们对自己行为模式的一无所知也导致了我们无法认清自己的声誉。

你可能会觉得这个论点有些武断。但是，你审视过自己的行为（即记录自己的"重复行为"，包括好行为和坏行为）吗？你上一次这样做是在什么时候？如果在过去的一年里，你曾经 6 次在会上提出了"不同凡响"的观点并得到大家的一致赞同，那么你分析过这 6 次经历吗？你评估过这 6 次经历对你"点子高手"的声誉所产生的影响吗？或者尽管你私下认为自己完全称得上一个"点子高手"，但你知道自己有这样的声誉吗？

据我观察，很少有人做过类似的事情。我们匆忙地前进，应对各种迫在眉睫的挑战，根本没有时间回头审视自己的行为模式，尽管这种模式对他人而言如此显而易见。

但是，上述情况将会发生改变，因为我们有了如下的问卷，该问卷可以表明我们在工作中不断重复的行为模式。

行为模式问卷：6个不同凡响的瞬间

1. 找出6个在过去一年的工作中，对你而言"不同凡响"的瞬间。（为了唤起自己的记忆，你可以翻看工作日志或询问家人，但不要问你的同事。）

2. 你为什么觉得这些瞬间"不同凡响"？（请尽量说明。比如说，是这件事令他人对你刮目相看，还是你从这件事中学到了很多东西？）

3. 这些瞬间彼此之间有哪些相似之处？

4. 你能够分辨出这些相似之处背后所体现出来的个人品质吗？你怎么称呼这种品质呢？比如说，在你所诉说的两个"不同凡响"的瞬间之中，有一个是你毫无保留地给同事提建议，你将这种品质说成是"慷慨"，这就是你获得"慷慨"这一声誉的原因之一。

5. 和你一起工作的人有多了解这些"不同凡响"的瞬间？（按照从1到10的分数打分，10分最高。）

6. 和你一起工作的人会在何种程度上认同你在第4题中所指出的个人品质？（按照从1到10的分数打分，10分最高。）

7. 找出 6 个在过去一年的工作里对你而言"不堪回首"的瞬间。

8. 你为什么觉得这些瞬间"不堪回首"？

9. 这些瞬间彼此之间有哪些相似之处？

10. 你能够分辨出这些相似之处背后所体现出来的个人品质吗？你怎么称呼这种品质呢？比如说，如果在某两次"不堪回首"的瞬间你都大发雷霆，那么你就可以将这种品质称为"暴躁"。

11. 和你一起工作的人对这些"不堪回首"的瞬间的了解程度如何？（按照从 1 到 10 的分数打分，10 分最高。）

12. 和你一起工作的人会在何种程度上认同你在第 10 题中的个人品质？（按照从 1 到 10 的分数打分，10 分最高。）

13. 你认为是第 4 题的答案所指出的品质，还是第 10 题中所指出的品质决定了你当前的声誉？还是二者都有？

我向我的一个朋友提出了这些问题。这个朋友名叫帕特里克（Patrick），是一名理财经理，他的工作非常简单：为客户赚钱。

他对工作非常投入，甚至会因为过分的责任感而心神不宁。哪怕是赔了客户的一分钱他都会做噩梦。换句话说，即便每天没有盈亏标准来衡量客户的资产组合，帕特里克还是非常在意自己的表现。

在回答"6 个不同凡响的瞬间"这个问题时，帕特里克讲述了自己为客户赚钱的 6 个例子，并称之为"解决问题"。他的"6 个不堪回首的瞬间"都源自他未能给予客户应有的关注，他称之为"行为上的失误"。在回答第 13 题时,他认为"行为上的失误"对他的声誉的影响远远超过了"解决问题"。

然而,当我调查了帕特里克的十几个客户之后,发现客户对他的工作大为赞赏,而且都认为他是一个"问题解决者"。在他们心目中,这就是他的声誉。客户根本不关心甚至没有意识到帕特里克自己所指出的"行为上的失误"。事实上,他们对自己所得到的关注甚为满意,并且觉得这种关注恰到好处,不多也不少。

我承认这是一个随机的、不那么科学的例子,但我引用这个例子的目的是:说明即使一切都进行得不错(即便是当我们像帕特里克一样做得非常出色,而且他人也非常认可的时候),我们对自己的声誉可能仍然一无所知。也许就像帕特里克一样(他很显然有些过虑了,并因为自己的责任而有些矫枉过正),我们常常低估了自己的"不同凡响"而高估了自己的"不堪回首",也有可能恰恰相反。

不论哪种情况,这个问卷都是一个有用的工具。一旦你完成了这个问卷,你可能就会发现这是你第一次真正花时间来思考自己做过的,那些为自己创造了某种声誉的事情。

如果与你一同工作的人也来评价你,你会发现,你对自己的看法和他人对你看法之间存在着差别。但是,如果你不进行这个测试,不去管别人对你的看法如何,你可能永远都被蒙在鼓里。

晋升秘诀:按时完成工作,到点下班

在问卷中,我特意省去了最后一个问题:你打算采取哪些行动以应对这种情况？在这点上，声誉问题就变得有些棘手了。事实是，声誉并非一朝一夕形成的。

同样，一次成就并不足以创造出声誉，一次改正也不足以改造声誉。要想开始这个重建的过程，你需要的是一系列连贯的、相似的行动。这是可以操作的，但这需要个人的洞见和自律，而且最重要的就是自律。

我在与客户进行一对一培训以改变其行为的时候，客户往往在一开始就想看到结果。如果他们的问题在于经常说一些尖酸刻薄的话，那么他们就会希望自己在一夜之间改掉这个毛病，此外，他们还会希望自己的改变得到同事的关注和赞赏。但事实绝非如此。

我提醒他们，你们的负面印象都是长年累月在人们心目中形成的，也就是在此期间，你们不断地做出尖酸刻薄的表现，同样，人们只有在连续几个月都没有看到你尖酸刻薄的脸时，才有可能改变这种印象。

如果大家认为你是一个尖酸刻薄的老板，那你就要三缄其口很长一段时间，然后他们才能认可你的改变，并接受一个全新的你。你可能连续数周都没有不良记录，但如果你偶尔一次故态复萌，人们就会怀疑你是否真的已经变好了。

声誉也是如此。你必须持续不断地在人们面前表现出一贯的作风，并且不会因为"自我重复"而感到不安。一旦你放弃了这种一贯性，人们就会产生疑虑。你所想要创造的声誉也会因为你自相矛盾的表现而变得模糊不清，并最终失去其鲜明的特征。

政治家们最谙熟此道。他们在竞选的过程中，首要目标就是选准某一信息，然后没完没了地向选民重复。政治专业人士和战略人士称其候选人"坚定不移",他们指的就是这种情形。这是竞选者们唯一能够确立其立场的方式,并因而建立起自己的声誉。虽然我不愿意引述某政治战术作为模范实践的例证,我也不得不承认我非常认同这种"坚定不移"的方法。我告诉客户,这是掌控自己想要创造的形象的,最容易且行之有效的办法,并请他们坚持下去。

你在工作的时候,请看一下你的四周。哪些同事拥有着清晰、积极的声誉?他们何以能取得这种令人羡慕的成绩?无需过多的调查你就会发现,"坚定不移"往往是他们最为重要的特质。如果没有这种一贯性,我们就不会看到他们所展现出来的行为模式。很有可能这种一贯性并不是突发的,而是他们有意地做出选择并清楚地告诉自己要这样做的。

曾经有一个名叫比尔的主管,他仅在9点到18点的上班时间工作,就晋升至公司的最高职位,这让我惊叹不已。他平日里不加班,周末也不工作。他从到公司的第一天开始,就下定决心,不能让工作影响家庭生活,因此他给自己定下一个目标:一定要在晚饭前回家。也就是说,尽管他内心有着宏伟的抱负,他还是要在正常的工作时间内把所有的工作做完。

虽然既不能在平日工作到很晚,也不能在周末加班,但他的业绩仍然非常出色,每一个同他工作的人都喜欢他,敬佩他,这也是他能够在公司内得到提升的原因之一。

这还不是故事的全部。

"你是怎么做到的呢?"我问他。

"我一直把家庭放在第一位,"他说,"因此我发誓绝不在办公室内部传闲话，也不必显示自己知道公司所有的内幕。一旦在工作时间戒除了这些习惯，比如不煲电话粥，不与他人随意交谈，不在工作之后和别人喝啤酒，不对公司的管理层抱怨连天，我发现我每天能节省很大一部分时间。这样我就可以在正常的时间内完成工作，下班回家。我基本上兑现了我的承诺。"

"很有意思的是，"他接着说，"一开始大家都觉得我是个怪胎。我能力不错，绩效考评也非常好。人人都认为我无趣，简直就是个沃德·克莱弗[①]（Ward Cleaver），唯一的不同就是我不穿毛衣。但是我一直坚持了下来，时间一长，人们开始觉得我是个沉静的人，这是件好事。所有人都认为我有板有眼，是个靠得住的人。我成了一个'可靠的人'，这是我非常乐于接受的声誉。

"因为我从来不在办公室里传闲话，老板会把一些机密的信息交给我处理。这很有讽刺意味，我对他人的秘密越不感兴趣，人们就越愿意和我分享这些秘密。终于，因为我严谨的态度，人们认为我是个当领导的材料。大家都喜欢跟着一个像我这样的领导。我想他们会觉得我不会让他们失望吧，而且一旦大家愿意跟着你，那不就是海阔天空了吗？所有这一切都因为我会在18点下班离开。"

比尔可能因为谦虚才会这么讲。不管别人认为他有多少优秀的品质，他能获得成功的关键无疑是他的一贯性。长期以来，他的重复行为使人们能够非常明确地对他做出评价，也就是说，只要你能认准自己的目标并坚定不移地在行动中予以贯彻，也会获得同样的成功。

[①]美国电视剧《天才小麻烦》（*Leave It To Beaver*）片中的古板、勤勉的父亲角色。

一段时间之后，人们会以某种特定的方式来解读你的行为（因为你已经特别地锁定了这种方式），你的声誉也因此而形成。

关于比尔的另一件有趣的事实是：尽管他的孩子们已经长大，并且不在他的家里住，他可以不必每天按时回家了，但他依然坚持自己的习惯。这就是为自己创造某种声誉的好处：只要第一次做得正确，你就不必改弦更张了。

通过改变我们的声誉，我们可以对我们的正向力施加影响。如果你的声誉让他人感到非常困扰，那么你想要保持自己的正向力就会和"沿着陡峭山路推巨石"一样困难，虽然理论上说得通，但实际上非常困难。如果你在生活中某一重要的方面声誉甚佳，那么保持正向力对你而言就会成为一种乐趣，而不是一项苦役。

第 7 章
接受：你能改变哪些事情？

我信仰佛教已有 35 年了。我并不是一个宗教意义上的佛教徒，而是一个哲学意义上的佛教徒。我非常喜欢佛教的修心之道，这种修心的方法适用于任何人，不论你有没有宗教信仰。

佛教的思想方法不仅令我拥有了许多其他人无法比拟的优势，还治好了我的"大西方综合征"。

"等……我就会幸福了"

罹患"大西方综合征"的人的典型症状就是嘴里总是叨念着或心里反复思量着"等……我就会幸福了"。

◎ 等银行存够 100 万美元我就会幸福了。

◎ 等搬到大一些的房子里我就会幸福了。

◎ 等孩子们毕业我就会幸福了。

◎ 等退休我就会幸福了。

◎ 等减掉 20 磅我就会幸福了。

◎ 等按揭付清我就会幸福了。

这个清单是无穷无尽的，人类的欲求有多少，这个清单就会有多长。然而这一切不过是幻觉罢了。

等到有了 100 万美元的存款时，我们也不会满足，我们还会再想要 100 万。等到孩子们终于搬出去住了，我们也不会真正地"自由"，我们很快就会被其他事缠得脱不开身，比如照顾病人。等到终于减掉了 20 磅，我们就会发现这个成功不过是暂时的，要想维持体重，不再反弹需要更艰难的努力。

"等……我就会幸福了"是一种典型的西方思维方式。我们都相信达成某个目标会让我们感到幸福，却忽视了目标永远都在变动，貌似触手可及实则永无实现之日。

有些时候，我们会自己改变自己的目标。这无可厚非。如果没有了目标，我们将一事无成。

"大西方综合征"的症结在于我们只专注于未来而忽略了享受当下的生活。

大多数西方人并不了解"大西方综合征"是什么概念，因为要理解这个概念需要拥有一种非西方的思维方式，并且要摆脱几十年的西方（或文化）传统对我们的观念进行的"编程"。

向上的奇迹

当下的你正握着改变过去和未来的钥匙

不久前发生的一件事能作为这种情形作很好的注解。按照计划，我当时要在伦敦下榻的酒店和我的客户迈克尔（Michael）见面。迈克尔非常忙，日程排得很紧。而且就我的经验来看，他不管做什么事都会晚 15 分钟。

我们约定的时间是上午 10 点。还没到 10 点钟的时候，我朝房间的窗户外望了望，发现外面已经是一派明媚的春色，于是我想，与其呆坐着等迈克尔来访还不如到楼下等他。我来到酒店的大堂，找了一个又大又舒服的沙发坐下来，等着迈克尔。

阳光透过落地窗洒了进来，晒在皮肤上感觉暖洋洋的。窗外，伦敦繁忙的街道上赶着去上班的人熙来攘往，行色匆匆，这对我而言是个观察人群的绝佳机会，就像看电影一样。当时我心头没有一丝牵挂，既没有想着前一天发生了什么，也没有想着将要到来的事，甚至没有在想迈克尔。

终于，迈克尔出现了，而且不出我所料，晚了 15 分钟。他穿过大堂走过来，一再地向我表示歉意。他每天都要这样道歉好几次，因此已经熟练极了。"对不起，让你久等了，马歇尔。"他说，"简直不敢相信，特拉法加广场的路实在太堵了……"接下来他说了什么，我一句也没有听进去，因为这对我而言并不重要。

他所做的不过就是打断了那天早上我在大堂中的遐想。我并没有因为他迟到而恼火，相反，他能来我很高兴，因为他是我的客户,而我们要在一起紧密合作很长时间,我要让他知道这一点。

"没关系,"我说,"我知道你会来的,只是不知道什么时候来。况且,在这儿坐着感觉还不错。"通常我是不会这样一副学究气的,不过看到他脸上困惑的表情,我意识到,迈克尔肯定以为我因为他迟到感到不快了,因为如果是我迟到了,他肯定会感到不快。然而,我并没有这样想,他理解不了这一点。他不了解我的思维方式。

我讲这个故事并非想说我的心智到了一个特别的程度,能够对任何延误和失望的情况泰然处之。我不完美(问问我的家人就知道了),和所有人一样,我也会对生活中的一些细小的不愉快感到烦恼。

我与大多数人不同的一点是:如果我知道某种不愉快的事将要发生,而我又无力改变现状,那么我会尽量接受这个现实,而不会为此牢骚满腹,抱怨连天。我知道什么时候应该放手。这也就是我讲发生在伦敦酒店大堂故事的意义所在:迈克尔以为我对他的迟到感到气恼,而我已经接受他将迟到的事实并且将此置之脑后了。

我举这个例子是想提醒大家,在本书中,我对"接受"这个概念的态度是一以贯之的,特别是在涉及我们如何面对过去和未来的时候。我之所以会这样做,并不是因为我想改变人们的思维方式,让所有人和我一样思考,而是因为担心过去或者忧虑未来能够轻易地将我们的正向力击毁,让我们产生负面情绪,蒙蔽我们的判断力,让我们沉湎于懊悔之中,并自我惩罚。

不论是高贵的人还是卑贱的人，富有的人还是贫困的人，功成名就的人还是不断奋斗的人，都有可能会被这种思维方式所害。

接受现状只代表你有更重要的目标

在一次从苏黎世飞往纽约的航班上，我碰巧坐在一个有钱的投资商旁边。这个投资商觉得自己在一个小型高科技公司上花的钱太多了。我之所以知道这件事，是因为他不停地讲，不停地讲。

他对这个小公司的创始人大为恼火，认为这个家伙在交易中误导了他，所承诺的突破性技术不过是镜花水月，收入目标也屡屡无法实现，所有的交易谈判也都落空。那个创始人在一开始交往的时候给他留下了强烈的印象，然而，随后的事实证明，这家伙不过是个善于敷衍、投机取巧的骗子，完全没有积极性，总是无法兑现其商业承诺。

我问邻座的投资商，那个家伙让他着急上火多长时间了，他咬牙切齿地说："几个月了。"

这种情况对我而言已经不是第一次了。我们每个人都会碰到一些让我们抓狂、沮丧、歉疚或悲伤的人。我们都曾一次又一次地回想起某个人是多么冷漠无情，多么忘恩负义，多么阴险狡诈。只要一想起这个人我们立刻就会气不打一处来。

这也不是我第一次看到那些功成名就得意扬扬的人做出这样的表现，他们本可以对这种让他们感到恼火的人一笑置之。坐在我旁边的这位老兄已经身家数百万，在瑞士有一套很漂亮的房子和一个非常温暖的家庭，而且他在几家业绩非常好的公司都有投资。所有这些积极因素本可以令他忽略掉这个恼人的家伙。他本应高高兴兴地坐在那架飞机上，但实际上，他把自己搞得狼狈不堪，可怜又可悲。

我问他，是否与其说他是在对那个公司的创始人发火，还不如说是在对自己发火，因为他对这个人的人品判断失误，又没有对投资前景进行充分调查研究。

他承认了这种可能性，并对自己大加责备："一般我对这种交易都有很强的直觉，这次怎么就搞砸了呢？"

我可没有料到他的进步是这种情况，这等于进两步退一步。现在他因为自己的失误开始对自己气恼不已，这和对那位投机取巧的公司创始人大发雷霆一样都是徒劳无益的。

我接着又提醒他，抛开这次失误不谈，他的其他投资还是非常成功的。我对他说，他可以把这次失败的交易看作交学费，这样，他在下一次投资中就不会再犯这样的错误了。但我并不确信这番话是否能够稍微缓和他对自己和那个家伙的怨恨。他要做的不仅是接受现状，更是原谅自己，原谅对方。

"有个问题我想问你，"我说，"看得出来，那个家伙确实很让你火大，但那个家伙现在会因为你而睡不好觉吗？"

"才怪！"他气愤地说。

"那你觉得现在是谁在遭受惩罚呢？"我问他，"而谁是实施惩罚的人呢？"

"是我，都是我。"他说。

103

这下他明白了我的意思。尽管很气愤，但他是个务实的人。他想要抑制怒火，不被愤怒吞没。而接受（然后是原谅）正是能够达到这个目的的直接途径。

"你有什么建议吗？"他问。

"嗯，如果是我的话，我会解雇那个创始人，或者把公司卖掉。但在这样做之前，我会试着先原谅自己。"

与他交谈花了我大部分时间，不过最终他还是觉悟了。如果我们不能接受某种现状，又拒绝原谅造成这种现状的那个人，那最终会伤害到谁呢？答案永远是我们自己。这种愤怒和负面情绪将变成我们沉重的包袱，拖着我们下坠，从而也减少了我们找到人生意义和幸福的机会。我们亲手扼杀了自己的正向力。

正因如此，接受与身份认知、成就和声誉一样在构建我们的正向力方面起着重要作用。也正因如此，我们才能从不良的情绪中解放出来。在我们的周遭世界让人感到纷扰的时候，"接受"会提醒我们：什么才是真正重要的。

等下一次你对令你倍感失望或受伤的人感到切齿痛恨时，你可以试试这个办法。问问自己，是谁让你心烦意乱、愤怒或抓狂，然后把关于这个人的所有考虑、争论和想象都扔到一边。把这些都清空之后，想想这些人目前在你的生命中的位置。不要管他们过去做过什么，也不要想你希望将来在他们身上会发生什么事情。

如果你对他人感到气愤仅仅是因为他们就是那种类型的人，这就和因为一把椅子是椅子而踢这把椅子一样，毫无道理可言。这把椅子只是一把椅子，它没有选择。如果你拥有和他们一样的父母、一样的基因、一样的履历，那么你很有可能成为和他们一样的人。你不一定要喜欢他们，或者和他们保持一致，甚至不必尊重他们，但你要接受的是他们本来的样子。

如果你能够做到这一点，你就会因为他们是本来的那个样子而原谅他们，同时也会因为自己是自己这个样子而原谅自己。

能做到这一点，你就能够像我在飞往苏黎世的航班上认识的那位旅伴一样，在重获自己的正向力的路上前进一大步。

我强调接受，但这并不代表我们不需要改变，也不代表我们无须努力将世界变得更好。我的意思是，我们应改变我们所能改变的，至于那些无法改变的，我们应学会放手和接受。

第 8 章
谁谋杀了你的正向力？

谁谋杀了我们工作中的正向力？

错失良机　　没有得到升职　　遭降职

大赔特赔　　遭解雇　　破产

你一定不会对这个清单感到陌生吧。噩梦变成了现实。这些事件为我们贴上了显眼的标签，是对我们的公然羞辱，令我们神气尽失，阻挡我们事业前进的脚步，给我们戴上了"切勿靠近"的光环，就像我们是真人版的"核生化事故区"一样！

不过，这些令人蒙羞的事件都只是结果而不是原因，是比赛后记分板上显示的比分，而不是比赛本身。最终的比分并不能说明赛场上曾经发生了什么，只能代表我们的行动和选择所造成的后果。人们的正向力变成负向力往往是从一系列的细小的、难以察觉的失误开始的，并最终招致了令人难堪的结果。这些错误包括我们下面要讲的内容。

"过度承担"绑架了你的正向力

有一句名言说得好：要想做成事，必去找忙人。这句话在某种程度上是对的。一个永远在忙的人往往是比较有条有理的，一般也不会为一些无关紧要的事分心。忙碌的人都知道如何从 A 到 D 到 E，跳过 B 和 C，并最终完成任务。但是，承担很多的工作和承担过多的工作之间是有一定区别的。

我们经常会看到在公司工作的人落入"过度承担"的陷阱。如果你的工作做得不错，并且很喜欢自己的工作，你的正向力处于爆发状态，那么所有的人都会想方设法接近你，邀你去参加他们的会议，请你给出主意，邀你帮他们操持项目等。拥有较高正向力的人往往会被太多的机遇所包围。高也好，低也罢，各种层次的机遇都有。

这也是一些新员工比其他人进步更快的原因。他们热情高涨，事业心强，于是老板们就把大量的工作堆给他们，不做到他们哭爹喊娘绝不罢休。然而，他们可不会哭爹喊娘，那些追求上进的年轻人是不会说出"我搞不定"的。但人终会有"搞不定"的一天，到那个时候，一切都要完了，他们的工作质量还有他们的正向力已经摇摇欲坠，即将陷入恶性循环。

这种情形在自由职业者身上表现得尤为明显。因为没有稳定的收入来源，他们会抓住每一个工作机会。尤其是在经济环境如此动荡的环境下，那种在经济上如有虎狼在侧的感觉就更强烈，于是不管什么活他们都会应承下来。

我也会犯同样的错误。我在以向各个群体发表演讲赚钱的时候也是个自由职业者，可以说就是个"计日工"。我要走到台前和大家分享我所了解的知识，和其他挣工资的人一样，我也是按时间计费的。因此，如果有人邀请我去给几个人或整个公司做演讲的话，那就是直截了当的"用劳动换钱"的机会。只要我到场了，我就能拿到钱。如果我说"不，谢谢"，那这笔钱就相当于打水漂了。

我一般都会提前几个月把日程排好，这样我就能知道哪些时间是我用来放松休息的个人时间。我非常珍视这些没有预约的日子，并且会利用时间阅读、写作，或者什么也不干。

但诱惑时有出现。有人会打电话雇用我。我回答说不行，但对方很坚持，表示可以按照我的时间表安排。这第一步进攻就使我本已非常脆弱的防线更为不堪一击。

同时，他们还对我大加吹捧。这些让人倍感亲切的家伙对我说："我们需要你！"他们甚至表示一切都会依照我开的条件来办。就算我再怎么意志坚定，也不好拒人于千里之外。况且，距离他们要求的日期还有几个月的时间，谁知道那时候我的经济状况会怎么样呢？那时我的业务预约情况也不清楚。于是我的态度从"不行"转变为"我将如期而至"。

最终，我不得不着手准备在另外一家旅馆安顿下来，在五月或者六月的某个周六的清晨醒来，然后面对一屋子的客户发表讲话。但是，这些时间我本来是可以用来写下一本书的。

第2部分 最好的时代，也是最坏的时代

我并不是在诉苦。我得承认我是有那么一点运气的人，我所说的这种"高级麻烦"是我的同行们求之不得的。我也不是说我对在这种情境下雇用我的人没有什么兴趣。我只是想指出一个简单的事实：我对接受预约这个决定的猜疑已经对我的正向力造成了威胁。

这使得我有可能会对这次的决定感到后悔，而一丝一毫的这种情绪都有可能会影响到我的表现。如果一年之中我承诺得太多而不懂得拒绝，这种感觉就会累积到危险的水平，并最终爆发出来。虽然这本书是我写的，但我在避免过度承担方面仍然有待提高！那么你的情况如何呢？

如果我们长期地过度操劳，我们内心的那种萎靡不振的精神就会流露出来，被每个人清楚地发现。我们那原本兴味盎然的工作也会变得枯燥而无聊，每天干什么事都无精打采，三心二意。

因此，具有讽刺意味的是，我们的这种过度承担的习惯反而导致了我们的精神不能积极投入，而这样的状态则很难令我们的客户和同事感到满意。

我们都可能会在某些时候感到负担过重。我们都有可能落入这个陷阱，意识到这一点对所有人而言都是非常重要的。尽管我们都知道在当今的经济环境中，大多数人都要工作更长的时间，并且工作得越来越辛苦，但很少会听到人们说："我揽的活太多了。"这大概是因为人们都不甘示弱，让人以为自己无法应对面前的挑战。

人们像无法拒绝海妖[①]的声音那样无法拒绝他人的求助，因为这

[①] 名叫"塞壬"（Siren），是希腊神话中人首鸟身或鸟首人身的怪物，经常飞降海中礁石或船舶之上，被称为海妖。她们用自己的歌喉使过往的水手聆听失神，导致船触礁沉没。

是对他们实力的证明,此外,这也是他们听到别人表达"我们爱你"的另外一种方式。也许由于他们本身的正向力非常强大,于是他们把自己当作超人,以为任何事都不在话下。或许等他们把事情搞砸的那一天,他们最终会明白"我揽的活太多了"根本算不上是好的借口(毕竟答应还是拒绝是他们自己的选择)。

以上的原因解释了为什么过度承担是正向力带来的一种非常危险的反作用,也解释了为什么过度承担是一个隐形的正向力杀手。

在你对下一项工作要求精神饱满地回答"好的"之前,请想一想这会对你长期的正向力有什么影响。你的所作所为对长期而言是正确的吗?或者你答应对方只是为了让他们在短期内感到高兴?你将要做的事是否会增加你在生命中所体验到的长期的幸福和意义呢?

坐等经济回暖,你就能赚到钱了吗?

2009年年初,我和一个名叫汤姆的律师谈起了他们律师事务所破产的事。这是一家拥有360名律师的律师事务所,汤姆曾经是这个律师事务所的高级合伙人。该事务所专注于证券法领域,已经有120多年的历史,却由于前一年的金融危机而在一夜之间烟消云散。汤姆是事务所的领导者之一,事务所里已经失业了的律师都围着他,问他今后该怎么办。这些人几乎从未经过如此重大的挫折,目前的打击对他们来说太难以承受了。

他在告诉我他给了这些律师什么样的建议之前,对我讲了一个发生在他第一年进入法学院学习时候的故事。

"律师培训的大部分内容,在于教会我们如何对某些事实进行解读,从而给客户提出建议。"他说,"我们的讲师会假定某个情景,给出一系列事实,然后问同学们'你们会怎么办'。每个同学都会想出不同的办法,采取不同的行动。他们的答案不一定是正确的,有时也不怎么合理或高明,甚至还是孤注一掷的冒险。但同学们总会想出办法,并采取行动。在做这些课堂练习的时候,没有一个同学说'我会等着事情发生变化'。"

"然而,"汤姆继续说,"我发现,很多受教育程度高的律师和其他成千上万的人在面临类似挫折的时候,会做出类似的选择:等待事情发生变化。他们会左顾右盼,然后告诉自己,'等到经济形势好转就没事了。'"

"也就是说,"我说,"他们的所作所为与他们在法学院所接受的训练完全两样。"

"没错,"汤姆说,"他们在等着事情发生改变,等到事情变得可以理解,变得更为合意。明明事情已经发生了巨大的变化,并且不大可能会恢复到过去的老样子,但他们不愿意接受这个事实。历史就是如此。证据已经如此明显地摆在眼前,他们却还要极力否认。"

"那你是怎么跟这些年轻的律师们讲的呢?"我问他。

"我给他们泼了一盆冷水。我说,'这家律师事务所已经完了,它已被腐朽的经济埋葬,即便经济好转,也无法卷土重来。一定会有其他东西来代替它的位置,但没有人确切地知道那是什么。不过你们不能坐等事情发生变化。你们必须采取行动,就像我们在法学院的训练中做的那样。你们可以去其他司法领域谋条生路,也可以自立门户,或者把你们在法律上的技能应用到别的业务中去。但是，千万不要坐等新的职位来找你。'"

很多人在遭遇挫折后的反应都是坐等事情发生变化，而不是积极地应对变化了的事实。比如一个濒临倒闭的企业的老板在经济持续下滑的情况下拒绝削减成本或者裁员，因为他相信很快就会有转机。比如在已经衰败的城区开店的零售商在客户离开、收入缩水、附近的店都关门的情况下，依然不屈不挠地坚持自己的产品路线，坚持以往的生意方式，因为他相信，这片城区不会凭空消失，总会有恢复生机的一天。

人们坐等令人不安的事实发生变化，变得比较符合他们的意愿，但这不过是一厢情愿的痴想。这与过度承担恰恰相反，因为坐等事情发生变化的人一般很少采取什么有益的行动（或者负担过轻，根本不采取行动）。他们非但不采取措施，还原地不动等着梦想中的事实从天而降。在这个疾速向前发展的世界里，这样做和开倒车没什么两样。这也是一个正向力杀手。

如果事实不遂你的意，那就问自己："如果我知道现状不会变好，那我该采取什么行动呢？"然后就要为此做好准备。如果事实发生了你所期盼的变化，你也不会损失什么；但如果事实是没有变化，你应该已经做好准备去面对新世界了。

终于证明"我是对的"，然后呢？

这个世界并不总是理性的，人类也并非总是合乎逻辑的。如果人类真的有正确的逻辑，世界上就不会发生战争，人们也不会在手里没钱、贷款没法偿还的情况下还去购买售价过高的房子。

从深层意义上讲，人类本就不合逻辑。然而，我们却把睡觉之外的大部分清醒时间都用来在没有逻辑的地方寻找逻辑。我们的思想需要秩序、公正、平等和正义。但是生活往往既不公平也不公正。这是一个令我们很多人头疼的问题，这也是一个正向力杀手。

如果非得让我举例，说出有着什么样的教育背景的人会特别喜欢寻找逻辑，我会选择工程师、科学家、计算机程序员和数学系学生。一旦我们这些"合逻辑的思想家"认识到所有的决定都是由人类，而不是由合逻辑的计算机做出的，那我们的生活就会更轻松一些，我们会做出积极的改变，并更加幸福。世事就是如此。

在家里也要"合逻辑"的逻辑会很快地杀掉我们的正向力。我们当中很多人，会在无谓的争执中试图用自己的逻辑证明对方的错误，从而丧失掉自己的正向力。这种情形太司空见惯了，因此牧师总是会提醒新婚夫妇，让他们问问自己："你到底是想要逻辑呢，还是想要一个幸福的婚姻？"

有时候，我们希望用逻辑的强大力量向所有人证明我们是对的，并极力坚持自己的立场，直到结局不可收拾为止。几年前我的一个朋友就发生了这种事。他叫蒂姆（Tim），曾经是一个有线频道的制作人，负责所有晚间节目的制作。他自以为很快就会成为整个频道的主管。然而不久后，母公司就从总部给蒂姆派来了一位女老板。这位女老板虽然没有广播从业经验，但非常善于逢迎上级，传媒界对她津津乐道，并且她在塑造自己的管理形象上也非常成功。

蒂姆对此人非常敌视。他和这位女老板对着干，并不断地向同事们抱怨，也从不掩饰自己对她的蔑视。蒂姆相信，在一个合乎逻辑的世界里，她的浅薄必将大白于天下，而他的聪慧将会得到回报。他认为他在广播方面的专长会成为他最有力的后盾，这位女老板不敢轻易地解雇他。他并没有意识到自己已经时日无多。

一年后，女老板受够了他的挑衅，让他卷铺盖走人。又过了一年，这位女老板也因为工作不力而被炒了鱿鱼。蒂姆对她的判断可能是正确的，但这又有什么用呢？他因为相信"逻辑必胜"而丢了自己的工作，丧失了正向力。

下次你被"逻辑"冲昏了头脑而忽略了常识的时候，请一定要想一想蒂姆这个例子。如果你想要靠自己的"逻辑"闯出一片天地，很有可能会事与愿违。如果你能够致力于做出积极的改变，而不是满足于你自己的"客观"的话，这对你的公司和事业都是非常有益的，并最终能够增加你的正向力，而不是摧毁自己的正向力。

下一次，你因自己"合乎逻辑"的自傲损害了与同事或者你深爱的家人之间的关系时，你要问问自己："这难道就合逻辑吗？"

"全民娱乐项目"：抨击老板

DDI 智睿咨询公司曾做过一个有趣的调查，结果表明美国人平均每个月都要花上 15 个小时来批评或者抱怨自己的老板。

这项调查不是我做的，因此，出于个人的自尊，当时的我认为调查结果是错误的。后来，我自己针对 200 名员工做了一个类似的研究，竟发现我的结果和他们的结果完全一致。他们是对的！

我们很多人都会在上班的时候和下班之后大肆批评老板，甚至在周末还要对着我们的伴侣和家人对老板大加挞伐。每月15小时已经超过了美国人看棒球比赛的时间，这表明抨击老板已经成为真正的全民娱乐项目。

稍微抱怨一下老板是可以理解的，这就像站在外面放开喉咙大喊可以舒缓一些内心的烦闷一样。不过，就算这种抱怨多多少少有点疗伤的效果，这种效果与其带来的负面影响相比也是不足为道的。

一方面，这种方式并不令人愉快。无论你如何口若悬河，一旦对不在场的老板（无法给自己做辩护）大肆攻击，人们就会觉得你渺小而懦弱。人们会想：为什么不当着老板的面说呢？此外，他们还会怀疑你在他们的背后是怎么说他们的。

对不在现场的人进行批判往往是徒劳无益的。他们听不见你所说的话，也无法作出回应（不过请相信我，你的老板会感受到你的轻蔑）。这种方式完全没有建设性。你也不可能通过抨击和嘲笑让老板变得更好。这样做只会让你的声誉受损，并降低自己的正向力。

最重要的是，抨击老板对你而言毫无用处。想想看，如果你把这15个小时投入到其他比较重要的事情上，如上夜校，或者像第6章提到的比尔一样陪陪家人，结果会如何呢？

所有这些负面因素，加上老板可能会听到你的言论（或者无意间听到），你的所作所为已经从内到外将你对正在做的事情所抱持的积极精神转变为消极精神。这正是给正向力杀手下的一个准确定义。

在你下一次炮轰老板之前，想想这样做对你的正向力和你周围人

115

的正向力的负面影响。如果你真的对老板有意见，不妨直接找老板，和他们谈一谈。如果你觉得没法谈，干脆辞职好了。如果你既不想交流，也不想辞职，那请重读"接受"一章并好自为之吧。

30岁的我，害怕过往的努力都白费

沉没成本是指已经发生且无法收回的成本。这一概念在经济学和博弈论中得到了广泛的研究，用以解释人们何以会做出与其最优利益相悖的非理性的决策。然而在日常生活中做决策的时候，我们往往对这个概念视而不见。

假设你提前两个月为自己和丈夫预订了两张百老汇戏剧的门票，每张票100美元。这部戏剧是你最喜爱的演员的扛鼎之作，而你以前并没有在现场看过这位演员的演出，你之所以要看这部戏剧，就是要现场看一看这位你最喜爱的演员。戏剧开演前两天，你被告知这位明星生病了，你要观看的那场演出将由替补演员替她演出，而这位替补演员是一个恶评如潮的家伙。这时你会怎么办？

你的丈夫对此持中立态度，他完全遵照你的决定行事。你会对这两张票弃之不理，承受200美元的损失吗？因为没有了这位明星你也就没有兴趣看这部戏剧了。或者，尽管心不甘情不愿你还是会去看这场演出？你不想浪费这两张票，因为这200美元的沉没成本，你觉得即使承担去剧院的路费和在曼哈顿用餐的费用也是值得的，并且你对自己说或许这位替补的演技变好了也说不定呢。

如果你的某位朋友是个经济学家的话，他会立刻告诉你，比较明智的选择是待在家里。因为无论如何，这200美元都已经花掉了，而且无法收回，那为什么还要为之操心呢？为什么还要因为这200美元的沉没成本再花费额外的钱呢？何况这场演出很有可能会让你觉得很闷呢？然而，我们很多人都无法完全不考虑沉没成本，并且在做出其他选择的时候都会以它作为基准来进行衡量。尽管这种做法是非理性的，却也是真实的。

我注意到人们对于沉没成本的非理性热忱是从19世纪80年代早期阅读历史学家巴巴拉·塔奇曼（Barbara Tuchman）的著作《愚政进行曲》（The March of Folly）时开始的。在书中，她对当时在政府间盛行的"大脑停顿"（据她所说）现象进行了超卓的研究。她是这样描述"大脑停顿"的：

第1阶段，大脑停顿会把解决政治问题的原则和界限规定下来。第2阶段，开始发生不和谐的情况和功能丧失的情形，起初的原则已经固化。

如果智慧能够在此时发挥作用，你就有可能进行重新检视、反思，行事方式也有可能改变，但是发生这种情形的概率极小，就好比在院子里找到红宝石一样困难。

固化会导致投资增加，并引起保护自我意识的需求；建立在谬误基础上的政策会越来越多，并永远不会撤销。投资越多，投资者的自我意识的参与程度越高，脱离接触就越发变得难以接受。

塔奇曼利用她的理论来解释历史上发生过的、严重而愚蠢的决策，比如英国何以失去了美洲，美国何以在越南蒙羞。她得出的结论是：承认错误、降低损失、改弦更张是政府最不愿做的选择。她的结论不仅适用于政府和领导者，对我们每个人也都适用。

她创立的这个概念解释了为什么我们在某项投资亏损过半的时候仍旧不会断然斩仓，而是继续观望直到全部投资血本无归。我们之所以坚持谬误，是因为我们不肯承认谬误。

塔奇曼的书令我眼界大开，让我了解到周围存在着多种形式的"停顿"，包括大脑的停顿、情绪的停顿和专业的停顿等。我在加州大学洛杉矶分校的同事在有人对他们的研究报告提出建设性的批评时，会极力为自己辩解，有时甚至还会激烈反应，这也是"沉没成本"谬误的一个表现。他们对自己多年的辛勤研究和写作非常看重，容不得他人的不同意见。人们为自己糟糕的行为辩解的时候，情形也是如此，他们与自己的失当行为已经相伴多年（沉没成本的一种形式），他们宁可花力气为自己的不当行为辩护，也不愿意做出改变。

甚至有些时候，小有所成也会成为一种沉没成本，并对你的正向力构成限制，这是我的导师保罗·赫塞教我的。那时我 30 岁，拥有组织行为学的博士学位，幻想着有朝一日成为一个专业人士，以客户化的 360 度反馈为业。要达成这一目标并不需要多么复杂的工作方法。各大企业会雇用我对他们的运营情况进行研究，并为他们量身订制一份 360 度评估反馈报告。

到此为止，我的大部分工作就已经完成了。之后我们会设计出培训方案并持续跟进。我知道这个职业道路很窄，不过大体而言我是这个职业的创始者，我所付出的时间能换回不菲的费用。对我这样一个刚刚经历了8年身无分文的研究生生活的穷人出身的孩子来说，只要能拿到薪水就足以让我欣喜若狂了，更何况我的报酬还相当不错呢。

就在这时，我的导师保罗·赫塞对我说："马歇尔，在付出时间并收取报酬方面你做得非常成功，但这种成功会让你上瘾。如果你目前的状态持续下去，你可能永远只是跑来跑去地做计日工。你也许能过上不错的生活，但永远不会成为你想成为的那个人。"

赫塞博士让我明白，我所谓的成功实际上会把我锁定在这个位置上，小有所成即可。当时我自己并没有摆脱这样的洞见和胆识，无法拓展自己的眼界。走上另外一条路将意味着我要承担更多的风险，并且我曾经投入到研发客户化360度评估反馈的一部分努力，也就是我的沉没成本，将付诸东流。

我确信，如果当时赫塞没有给我指出这一点，我现在应该还是在做着30岁时做的工作。时至今日，由于互联网的广泛普及，这项工作的经济效益已经大幅下降，因而如果我还在做这项工作的话，我的经济收入也会大幅缩水。

我听从了赫塞的建议，开始动手写作和做研究，这两项工作短期而言虽然没有什么回报，但对我的职业生涯产生了长期的巨大的利益。长期来讲，我在正向力上的收益是非常巨大的。

生活中，每个人都会遇到沉没成本的问题。即便我们只取得了一点成功，也并非全是幸运使然，我们必须将大部分精力投入进去。这种"投入"并不都会产生相应的回报，而我们也许没有意识到这一点。

审视一下自己。你是出于将要失去什么，还是将要得到什么才考虑做出决策的呢？如果是前者，沉没成本可能在你没有意识到的时候已经令你损失惨重，并可能会令你的正向力受损。

表达真实的自我也需要"演技"

成功人士都会在两种模式下运行：专业模式和放松模式。

在专业模式下，我们要十分注意自己的形象。我们要时刻留心自己的言行和仪表，知道自己必须为谁提供服务，知道哪些人我们得罪不起。在放松模式下，我们可以卸下防卫。我们可以在院子里烧烤，而不必在公司的食堂用餐。我们可以开摩托车，而不必开小轿车。在工作日和周末，我们是截然不同的人。

如果我们已经转换了模式，而周围的人意识不到（我们自己可能也没有意识到）这种转换，那我们的正向力就有危险了。

我的一位客户曾经有过这方面的问题。她是一家大型零售连锁企业的高级主管，她的各方面能力都足以接任企业的CEO。她勤勉尽职、兢兢业业、卓有成效，看上去很专业，行动上有领导风范，而且非常关心他人。可以说她具备了所有条件，除了一个问题：当和伙伴们待在一起的时候，只要几杯酒下肚，不管是下班后在办公室附近的酒吧里，还是在飞往开会地点的飞机上，她都会对自己的同事大放厥词，说一些好笑或讽刺挖苦的话。她嘴巴不饶人，谁都无法幸免。

我认为这并非酒精的作用，而是情境的关系。这也不是偶尔为之的失态（比如在公司的圣诞晚会上做出了不大得体的举动），而是已经形成了一种行为模式。在工作的时候，她可以是一个拥有着完美正向力的主管，但当大多数员工下班回家之后，她就会把朋友们叫到自己的办公室，卸下防卫，展现出一个幽默而玩世不恭的自我。在这个荒谬的非理性的世界上，如果我们对其他人没有任何一丝阴暗或古怪的想法，那我们岂不就是智力障碍者了吗？但是，我们大多数人都会把这一面秘而不宣，或者是异常小心地选择表达出那么一点点。

当 CEO 发觉了这位主管的行为（有人向他举报）之后，他邀请我帮助此人改变其行为方式。CEO 的这种做法表明他对这位主管仍然抱有信心。我一见到这位主管就对她说："这种行为很愚蠢，不要再这样干下去了。"

她反思了一下自己的行为，并且很清醒地表示同意。"你说得对。事后看来，这样做确实愚蠢无比。你放心吧，我不会再这样做了。"

接着我们探讨到底是什么原因诱发了这种行为，这样她就可以在今后避免重蹈覆辙。后来我们发现，她在专业模式下和放松模式下简直判若两人。事情的来龙去脉也非常清楚：下班后，当她和自己的下属共处一室，她就会认为无论她说什么，都只是自己和朋友间的私房话，就好像她们同处于一个"信任圈"一样。

她从没有想过，这种信任也是会被打破的，某位密友会对另外的同事讲："这件事你知我知，可别外传啊。你知道吗，我的老板居然说……"然后口口相传，很快，公司对她的言论尽人皆知。更糟糕的是，人们在转述她的话时，往往忽略掉某些成分，于是她原来的那种辛辣的幽默不见了，剩下的只有赤裸裸的愤怒，这可就一点都不好玩了。

在专业模式下，她几乎从不犯错，但在放松模式下，她的判断力就大为减弱了。她所不了解的是：你的职位越高，你的声音就越大，能听到的人也就越多。如果总部的人也这样讲话,没有人会在意。但如果你处于领导职位,你所说的每一句话都有可能成为八卦的话柄。而这一点,你根本无从控制。

同时,她也没有意识到,她的行为相当于批准了自己的员工可以效仿她的做法。不过,她手下的人并没有比她更出格。

通常而言,我并不会对人们愚蠢的原因太过在意,我仅仅关心如何让他们停止这样做。但在这个案例中,我发现原因本身能说明很多问题:我认为她在放松模式的时候表现得愤世嫉俗是因为这样可以让大家发笑,并让大家觉得她聪明有趣。她是一个非常出色的人,而且有一颗善意的心。她没有什么不良企图,也不想伤害任何人。她只是觉得这样"很好玩"而已。

帮助这位主管做出行为上的改变并不困难。我需要做的只是让她了解到,在专业模式下,她几乎从不犯错,而在放松模式下,她几乎一直在犯错误。于是我告诉她:"尽量避免在放松模式下运行。假设人们总是在关注着你,而你作为高级主管需要自始至终地做一个道德模范。"我还提醒她说,"很多人都认为专业的你在某种程度上是'不真实的',只有全部卸下防卫的你才是'真实的'你。"

她的行为最终令她的正向力受到伤害,因为人们认为她所释放的关于内心真实感受的混乱的信号是真实的,而她平时正常的表现都是不真实的。她如果想成为一个真正卓越的领导者,就必须设法弥合她的专业时的自我和放松时的自我之间的鸿沟,从而消除人们对哪个才是真实的她的认知上的混乱。

话说到这里已经再明白不过了。这位在工作的时候表现出高度专业精神的主管发现别人竟然认为她不够真诚,这太让人难以接受了。

她的问题并不在她的"心"里,而在于她的"表达"上。当她处于放松模式的时候,她的所作所为已经不是"有趣"而是"不专业"了。

我觉得我们所有人都应该后退一步,分析一下我们自己在工作的时候,是否曾不自觉地由专业模式转换到放松模式。有些人转换得比较平滑,他人是注意不到这种变化的。而有些人的转换比较剧烈和突然,这种变化会让同事们感到不安。

如果你审视一下公司的同事就会发现,你最为敬重的主管往往都是那些一直在专业模式中保持自律的人。他们这样做并不是因为他们不会讲笑话,不会自嘲,或者在工作之余放松一下。他们也不是整天板着脸孔的冷面人。他们清楚地知道自己的身份认知、成就和声誉。他们已经为自己选择了某种角色,并且很少会脱离剧本自由发挥。他们是专业人士。这也是他们拥有正向力的原因所在。

除了上述这些能够影响我们积极精神的正向力杀手外,还有一种正向力杀手无孔不入地存在着。我要单独利用一章来探讨一下它——无谓的争辩。

第 9 章
无谓的争辩中没有赢家

我们的正向力会因为无法合理控制的原因而受到影响,比如经济衰退,某个大客户停止购货,新进入的竞争者抢占了我们的市场份额或者公司季度业绩不佳。如果我们在经历了这样的挫折之后,仍然能够保持这份工作,我们就会感受到这些原因造成的冲击,比如工作压力增大,工作更加没有保障等。如果我们失去了这份工作,我们的正向力就会受到影响,但如果我们没有失去这份工作,我们的正向力仍会受到影响。

虽然我们不能控制全球经济,但我们可以控制自己避免无谓的争辩。争辩可能会把盟友变成敌人,从而使我们的正向力承受不必要的风险。所谓的"不必要",即很多时候我们回头想想就会发现,这些争论往往很愚蠢且不值得。我们大可不必这么做。当然,视情况的需要,我们可以选择与人争辩,或者避免与人争辩。

第 2 部分　最好的时代，也是最坏的时代

我完全以同为职场和世界范围内的不公正现象而进行的争论是值得的，但我在这里提到的争论，所谓的"不公正"通常是关于我们的自我感受，而不是什么需要捍卫的"大义"。

一旦认清了几种典型的争辩陷阱，我们就能够更好地决定哪些战斗是势在必行的，哪些战斗是最好避免的。在工作中，尤其是在家里，即使我们在争论中占了上风，这种成功也得不偿失，与进行争论所付出的成本相比，完全不值一提。

提出不同意见，支持团队决议

不管是在工作的时候还是在家里，每个人都有自己的观点，并且大部分的人都非常乐于表达自己的观点。实际上，我们把表达观点看作一种权利。一旦有人觉得自己没有机会发表意见（比如有人对他们讲"请安静"的时候），就会争辩。

然而，我们有时候就会忍不住一直说下去。有时候，最终决策者在听取了所有人的说法之后，认为应该"忘记过去向前看"。但是，让聪明人和信念坚定的人尤其是固执的人"放手"是非常困难的。

"请安静"有很多种表达方式，有令人反感的（比如有些人会说"闭嘴！"），也有委婉的（"谢谢你的参与"）。在二者之间，还有很多其他体贴的或者轻率的让人安静的表达方式。

比如决策者会在你一句话还没说完的时候截住你的话头，问你"还有什么要说的吗？"或者说"知道了，下一个"。比如某位同事在你讲话的时候不停地四下张望，或者打断你的讲话并且试图转换

话题。无论其战术经过多么精心地掩饰，其最终结果都是一样的。我们最终还是输掉了这场争论。

我们当然不会甘心承认自己推销某一观点的努力以失败告终，而且，我们会因为决策者阻止我们的讲话而感到受了侮辱。我们十分确信自己是正确的，我们相信如果我们能接着说下去，哪怕再多讲一点点，对方就会恍然大悟并改变主意。

在这种情况下，很多人都会选择更努力地争取讲话的机会，从而让他人听到自己的想法（本案例以"让人再次听到自己的想法"为目的），而不是就此偃旗息鼓。争论中输掉的一方可能会千方百计地找一个办法重启这次辩论，比较常见的方式是就这一话题和阻止他讲话的人大吵一架。

当然，他们并没有意识到，这场争论已经结束了，早在他们被要求安静的时候，或者在最初的话题改变之后就已经结束了。在几小时、几天或几周后试图再次争论某个话题，就如同一个辩手在错过给对方致命一击的机会之后试图在后来的辩论中以"我当时应该这样讲……"的方式进行补救，而此时所有人都已经把这个话题抛在脑后了。

一旦我们发现自己的声音没人理会，就会试着喊得更大声一些，然而这时候人们很可能已经想要捂住耳朵夺门而出了。

我非常欣赏一位客户的一句很棒的口号：勇于表达不同观点，倾力支持团队决议。他鼓励每一位员工发表意见，鼓励每一位经理倾听员工的声音。他也了解，在某个时候应该结束争论，大家握握手作为一个团队继续前进。

如果我们总是在"鸣金收兵之后继续出击",那么我们的声誉就会受到损害,并最终损害我们的正向力。结果,我们非但没有进一步扩大战果,反而会赔掉已经赢得的阵地。在这个时候,锲而不舍会被视为固执己见,仅仅是为了证明自己的正确性,而不是真诚地想要帮助我们所在的组织。

"我吃的盐比你吃的米还多"

我常常对自己卑微的出身抱有一种愚蠢的自豪感。这是美国人天性的一部分:为自己过去多么贫穷,经历了多少苦难才站在今天的位置上感到骄傲。自霍雷肖·阿尔杰[①](Horatio Alger)开始,这已经成为"美国梦"的一个定式。

正因如此,父母在教训自己的孩子时仍然会回忆起自己的童年,讲"我像你这么大的时候"怎样怎样。如果此类忆苦思甜的确有某种教育意义,偶尔为之倒也无妨,但久而久之,孩子们就会转着眼睛想:呃,爸爸又来这一套了。总而言之,这样做就等于浪费时间。

"过去真是太难了!"这句话不但在家里说不得,在工作中的坏影响还会更大。我们这么说,无非是为了让他人对我们经历过的苦难表达钦佩和敬意,但实际上,这样做毫无意义,这几乎是一种变相的吹嘘,就算你赢了这场争论,你又能得到什么呢?

---

① 19世纪末美国著名的儿童文学家,他创造的主人公大都出身贫寒,但通过个人勤劳奋斗,加上好运垂青,最终都获得了成功。

有一次，我和客户争论谁小时候更穷苦，事后想来十分难堪。我在列举了小时候缺乏的现代生活用品后，又抛出了撒手锏："我上小学时，直到三年级前，所有学生都要跑到外面的茅厕去解手。"

我的对手立刻反击："在西弗吉尼亚，茅厕遍地都是，有啥了不起的？我小的时候，家里都是泥地面呢！"

"好吧好吧，"我说，"你赢了。我想不出什么比泥地面更惨的了。"

事后我觉得自己太傻了。而且我怀疑赢家的感觉也不会好到哪儿去。当你以过去的贫困和苦难为荣的时候，事情往往会让你万分尴尬。任何关于过去的细节的争论也是如此，即便是争论过去的美好生活也是一样。你所做的就是拿过去的记忆进行比赛，这除了有点自娱自乐之外，还有什么意义呢？

猜不透的恶意无须质问

这是一个经久不衰的无谓的争辩，因为如果他人做了某件对我们不利的事，我们永远不会知道他们真正的动机是什么。我们可以猜测（我们可以表现得大度，认为他是出于好意，也可能会表现得比较偏执，认为他居心不良），但不论我们多么努力地追寻，都不会得到一个完整的坦白的答案。

几百年来，各国的领导者为了战争埋葬了多少生命，浪费了多少金钱，但他们何曾把真实的动机昭示天下？职场内也是如此：有些人做出的事让我们恼火甚至怒不可遏，但即便我们花上很长时间去探究，也几乎不可能真正了解他们为什么要这样做。

我这样讲并不是宣扬犬儒主义[①]。你自己回想一下上次别人问你干某件事的动机的时候，你是心平气和地解释还是愤怒地想要争论一番？

在你怒气冲冲地质问别人"你为什么要那么做"的时候，请记住我下面的话。恶意的指责通常只会得到敌意的回报。因为你永远无法"证实"他人的不良居心，也无法"赢得"这种无谓的争辩。==真正居心不良的人是不会在公开辩论中坦承自己的意图的，而没有不良企图的人会因为你不公正的指责而受到伤害==。不论是哪种情况，你能在争论中赢得什么呢？是的，什么也没有，你反而还会丧失自己的正向力。

"没有录用我就是不公平！"

《芝加哥论坛报》（Chicago Tribune）的一名记者问我，是否当今的经理比以往更倾向于在言语上虐待员工（这是在一次关于主管行为的讨论中提出的一个非常有逻辑性的问题）。

"你在开玩笑吗？"我说，"不久之前我们刚打过一场内战，因为半数的美国人认为蓄奴是件好事。如果蓄奴还不算虐待的话，那什么是虐待呢？过去还有"血汗工厂"。而且就在 30 年前，在美国，一个经理无论对员工说什么话都能相安无事。"

我们已经经历了很多事情。目前大多数的大型企业都认同员工

[①] 古希腊四大学派之一，当时奉行这一主义的哲学家或思想家，他们的举止言谈、行为方式甚至生活态度与狗的某些特征很相似，他们抛弃世俗的眼光和世俗的追求和评判，而去追求世俗所不了解的道德。

在工作时享有某些特定的"不可剥夺的权利"。我们有权得到应有的尊重；我们享有依照绩效和品行而非侥幸或出身而进行考核的权利；女人享有与男人同工同酬的权利。如果我们在以上这些方面受到了不公正的对待，那我们应该为自己争取权利。

但是，世事不可能尽如人意。比如，某位同事得到了晋升，而我们认为自己比此人更有资格得到晋升；比如，老板对与我们竞争的部门投入了大笔资金，却对我们部门视而不见；比如，老板不允许我们部门招聘新人，却对其他们部门有求必应。如此种种使我们不得不大声呼唤："这不公平！"就像我们回到了孩提时代，抱怨父母给弟弟妹妹买的生日礼物比自己在那个年纪时得到的礼物更好一样。

这些力争"平等"的时刻都有一个共同点：我们对某项决策不满意。更有甚者，我们觉得没有人给我们一个很好的解释（当然，即便给出了解释我们还是会再次做出此项要求，这与为此发起争论异曲同工）。而且，即便我们得到了另外的解释，我们还是会觉得这个解释并不够。

假设你参加了一次招聘，并成为参加最终角逐的三人中的一个。你们三个人都非常合适，仪表体面，招人喜欢，都拥有雇主需要的技能。当然，正是因为上述原因，你才进入了最终角逐，你们都处于同一水平线。你知道，最终将有两个人失望而归，因为只有1个人会获胜。很多人在面对这样的竞争局面时会感到不安。

在大家所有的条件都差不多的情况下，想要把各人分出层次就必须进行更细致的考察，而这时候我们会觉得考察得太偏了（也就是不公平了）。这时候我们会说，我们没有被选中，是因为我们的母亲不是老板的高中同学，或者因为我们和老板喜欢不同的棒球队，或者因为我们看起来比实际年龄小。

不管对方给我们的原因是什么，我们都不会满意。决策者可以做出决策，但这并不意味着他们的决策就是正确的或者公平的，也不意味着他们的决策合理地考虑了我们的感受。这仅仅意味着他人能够做决策，而我们不能。对此类不公进行争论并不会改变事情的结果，而只会让人觉得我们脾气暴躁。

卓越而富有影响力的人物就如同卓越的推销员一样，如果客户不买商品，他们也不会发牢骚责怪客户。他们会从中学到教训并努力下次做得更好。卓越而富有影响力的人物会保持自己的正向力，而拙劣的没有影响力的人物会丧失自己的正向力。

上述四种"有败无胜"的争辩的结果都是一样的，而且我们无力改变这种结果。我们并未帮到我们所在的组织或者我们的家庭。我们也没有帮到自己。我们所做的，无非是降低了自己的正向力水平而已。

第 10 章
一天 24 小时不停运转的世界

2008 年，我在回家的旅途中和一位老朋友琼妮（Joanie）一起吃了午饭。她和我聊起了她的父亲鲍勃（Bob）和她的儿子杰瑞德（Jared）的生活之间的巨大差异。她说：

> 我父亲并不是真的喜欢他的工作，他总是尽量少上班，一有机会就请病假，只要能保住工作就行了。他在制造业企业工作，和所有的计时工一样，他受到工会的保护。他没有接受过什么特别的培训或教育，也从来没有上过成人教育课程。他觉得自己没必要去上课，因为只要他被雇用了，他就会在同一家企业一直干到退休。在这一点上，他很对。
>
> 事后看来，尽管父亲不怎么喜欢自己的工作，他的一生还算过得比较舒适。我们住的房子虽然不大，但很温馨，地

处郊区也非常安全。我们家的院子很大,母亲可以在里面种蔬菜。我的母亲并不需要在外面做工,而父亲高中一毕业就开始工作了,且在 50 岁那年便已退休。他拿到了非常丰厚的退休金,医保涵盖两个人,且在他退休后 30 年内都有效。他们两个人到全国各地旅行,每年冬天都会去佛罗里达州,一生衣食无忧。

然而,在谈到自己的儿子杰瑞德的生活时,琼妮的声音变了。

杰瑞德上了三年的大学,在城外的一个大型物流中心工作,并尽可能地加班。他已经 26 岁了,仍然和我们住在一起。他不受工会的保护,没有养老金福利,医保也很一般,并不是很好。现在看来,杰瑞德拥有和我父亲一样的房子、保险和福利的可能性微乎其微,就算他结婚以后,夫妻两个人都工作也可能做不到。

那一刻,我似乎看到琼妮沉浸在对她父亲的生活的缅怀之中。考虑到她的父亲在自己并不喜欢的工作上干了 35 年,这是多么具有讽刺意味啊。他每天去上班,拿薪水,然后计算自己离退休还有多长时间。事实上,他活了很长时间,他享受到的养老金和医疗保险比他自己缴纳的税收要多得多。

琼妮希望自己的儿子杰瑞德能够拥有像她父亲一样良好的财务状况。她希望自己的儿子能像她父亲一样买一栋自己的房子,每周工作40小时，每年有4周的假期，拥有终身的医疗保险和养老金。对杰瑞德而言，能拥有这样的生活就应该心满意足了，能拥有这样的生活就算是成功了。

但问题在于：这样的工作如今已不复存在。这样的工作已经出口到其他国家了（不过工资、保障和福利不相同），而且就算美国国内仍然存在此类工作，这些工作所附带的长期的福利（正是这些福利让此类工作看上去很美）也已经由于削减成本和全球竞争等原因被撤销。更令人难以接受的是，此类工作今后也不会再有了。

新型的专业化员工：正向力是必需品

如果让我写一个新闻标题来总结过去10年间美国人以及其他富裕国家的工作变迁，我想我会写：能享受高福利的工作已经一去不返了！对于那些充满怀旧感情，认为自己的未来将和过去那些人的未来一样的人，我想这相当于给他们迎头泼了一盆冷水。

这就是目前的现实。不仅对像杰瑞德一样的蓝领工人如此，对所有的职业人士，比如富国的那些刚刚加入劳动大军的年轻人和资深的专业人士亦是如此。

目前这种高压环境的形成因素显而易见。

首要的因素是全球化。西方人不仅要和其他美国人还有欧洲人竞争最好的工作，他们还要和一群来自印度、中国、东欧国家的非常聪明、非常有积极性的候选者竞争。清点一下美国最著名大学的研究生中有多少外国学生就能明白这一点了。

第二个因素是疾速扩大的高管人员和其他员工之间的薪酬差距。过去 20 年间，美国企业的 CEO 和其他"C 级别"的高管[1]的薪酬高得令人难以置信。而且他们收入的增长速度远远高于中层经理和普通的专业人士，这使得高管职位的竞争非常激烈，甚至有些残酷。由于越来越多的人想要站到金字塔的顶端，导致所有人都要更努力地工作，并且投入更多的时间。

第三个因素是工作安全感的降低。在 20 世纪 80 年代，我对 IBM 公司的员工解聘情况进行了研究。当时，IBM 经常会因为员工违反了工作道德条例而将其解雇，但几乎不会因为绩效不佳而解雇员工。如果你能够穿白色衬衣、保证出勤并达到工作最低要求，那么这份工作你就可以干一辈子了。随着 IBM 利润的下滑，当时的 CEO 约翰·阿克斯（John Akers）面临着来自股东对 IBM 做出改变的强大压力。后来他遭到了解雇，原因之一就在于他在改变 IBM 公司"完全就业"政策上犹豫不决。

但对 IBM 而言，当时缺少严格的绩效标准不过是正常现象，其他公司，比如美国电报电话公司、通用汽车、柯达公司和其他美国"蓝筹"企业巨头，也都是如此。

当然，所有这一切如今都已经改变了。除了追求高薪之外，专业经理人士还要面对失业这个压力。对绩效不佳的处罚非常严厉，也非常迅速。这一点最明显的表现就是中层工作数量的大幅下降。而中层工作数量的减少也加大了当今社会中经济上的成功人士和失败人士之间的差距。

---

[1] 指 CFO（首席财务官）、CIO（首席信息官）、COO（首席运营官）等高管人员。

第四个因素是过去 20 年间由公司资金支持担保的医疗和退休保险的持续恶化。这一变化对专业人士和打零工的人员都产生了不小的影响，使所有人都愈发为长期的保险担忧。其结果是：人们不仅要更努力地工作，而且很有可能需要工作更长的时间才能退休。

第五个因素是始于 2008 年的全球金融危机。虽然这次危机不会一直持续下去，但我们已无法回到以往的商业模式中去了。而且就近期来看，危机将加重职场中本就已经存在的恐惧感：对失去工作的恐惧、失去房子的恐惧，以及能否再找到同样高水准的工作的恐惧。

第六个因素是新技术，这也许是最为致命的一个因素。如今，人们对新技术会给大家带来更多的闲暇时间，或者缩短工作时间这样的想法嗤之以鼻。相反，新技术与全球化相结合已经创造出了一个一天 24 小时不停运转的世界，也就是说工作永远都不会停止。

世界各地的专业人士已经离不开手机、笔记本电脑和其他数码产品了，所有人都处于随时待命、随时高度警觉的状态，随时准备超越他们的对手。这种态度使得工作和家庭的界限变得模糊，并创造出了一个让人倍感悲凉的逻辑上矛盾的词语：工作假期。

这样的结果是产生了一种新型的专业化员工，他们紧迫感更强，更加努力地工作，但也比以往更缺乏安全感。

对于那些喜爱自己所从事的职业，并能够从中找到意义的员工而言，超时工作并不是问题。对于缺乏正向力的员工来说，职场就相当于一个"新纪元专业化地狱"。年轻的专业人士即使不喜欢他们所做的工作，也要每天工作更长的时间。在过去，人们在工作之外可以有"第二生活"，并能够从中找到意义和幸福，而现在的情况已大不如前。如果我们每周要工作 60 ~ 80 小时，如果所谓的"工作—生活"平衡被定义为"工作"之外的"生活"，那么我们哪里还有时间来享受"优质的生活"呢？

在这个新世界里，我们不但更难获得正向力，而且需花费更多精力以保持正向力。如果由于竞争的关系，你为了适应艰难的新环境已经开始更努力地工作，那么你就需要一个独特的工具来使自己与其他芸芸众生区别开来。

正向力对专业人士而言已经不是一种选择，而是一种必需。下一章我会探讨一些具体的策略和行动，来帮助大家在这个挑战无处不在的世界创造和保持自己的正向力。

Part 3
第 3 部分

如何做出
更好的**选择**

受困于"工作间文化"的囚徒们从不会寻求变化，
而我能提供给你的唯一的建议就是：清楚了解
自己的价值取向，深思熟虑做出选择。

第 11 章
后退一步，仍有条条大路

在上一章的末尾，你也许已经看到职场充满了形形色色的挑战，我希望你并没有被吓倒，并开始庆幸自己能够保住这份工作。

一切并没有那么糟糕。

如果你后退一步，就会发现，你仍然可以控制自己的生活和命运。你仍有能力完成重大、积极的改变。

这样就会产生下面的问题：你能够改变什么？答案非常简单：你可以改变"自己"或者"其他"。

◎ 所谓的改变"自己"，是指改变你的思维方式、感受和说话方式，也就是改变你能控制的一切。

◎ 所谓的"其他"，是指除你之外，所有能在生活中影响你的因素，可能是某个人、一群人、一个工作、一个地方、一种关系或者你过去做出的某个选择所产生的需要你弥补的结果，也就是除"自己"之外的一切。

毫无疑问，这是个二选一的问题。然而，有很多人都会做出错误的选择：我们在需要改变自己的时候，选择了改变其他。

我们都碰到过这样一些人，他们痛恨自己的公司。我们来看看这些人是如何应对自己的这种情绪的吧，这很有意思。

有些人什么也不做。他们不动声色地忍受这种状况。但如果你想提升自己的正向力，什么也不做是于事无补的。你选择了维持现状；选择了继续过悲惨的生活，而不去追求幸福；选择了做毫无意义的工作，而放弃了做有意义的工作。这样做根本就是不想改变。

有些人会换一份新工作。他们会把让自己感觉不爽的老板炒掉，换一个新环境。这是十分冒险的做法，因为你不知道自己下一个工作会是什么样的，但这也是最纯粹的改变"其他"的方式。如果事情已经无可挽回，何不另谋高就呢？

有些人会改变自己对公司的态度。他们会分析自己为什么有这种感受，并努力找到一种与同事相处的新办法。比如，你可能非常不喜欢老板常在夜里和周末给你打电话交代任务，你可能一开始认为这样做非常粗暴并对你构成了侵犯，而且还干扰了你工作之外的生活。

现在你会选择改变你自己，与公司和解，并安慰自己说，老板这样做是因为公司没有别的选择。你会在头脑里调整自己对"工作时间"的认知。

这就是所谓的"改变自己"。如果你别无选择，就要与现实和解。

有些人会积极主动地改变其工作环境。他们非常尊重决策者，但在重要问题上也敢于"直言犯上"，他们会为自己的工作环境带来积极的改变。他们会尊重无法更改的最终决定，但同时也知道他们可以在决策还能够被改变的时候对决策有所影响。

也有很多人并不会采取上述任何一种手段。他们对老板牢骚满腹，就好像他们认为宣泄心中的怨恨就能奇迹般地在公司引发改变一样。产生这样结果的概率能有多大呢？答案：几乎为零。针对遇到"改变自己还是改变其他"这个问题而做出上述选择的人，漫画家斯科特·亚当斯（Scott Adams）进行了非常深刻的描绘。

他笔下受困于"工作间文化"的囚徒们从不会寻求变化，他们只会发牢骚。在现实生活中，这样的环境绝不可能令职员产生较高的正向力。从根本上来说，改变自己并不比改变其他容易，反之亦然。所谓的最佳手段只能视情况而定。

一旦你了解了"改变自己还是其他"这种二选一的方法，就会发现这种方法在任何情况下都适用，从而也能体会到它对你的正向力的影响。无论是在工作中还是在生活中，正向力都与你是谁（即"你自己"）以及你所处的情境（即"其他"）密切相关。

如果你无法改变"自己"，你和"其他"之间的关系就会影响到你的正向力；如果你无法改变"其他"，你和"自己"之间的关系就会影响到你的正向力。至于如何选择则由你说了算。

这是你的生活。如果你的正向力受到了不利影响，没有人能够代替你做出"改变自己还是其他"的决策。我能提供给你的唯一的建议就是：清楚了解自己的价值取向，深思熟虑做出选择。

第3部分　如何做出更好的选择

热血换来职场失意和全额奖学金

我一个朋友的儿子威尔（Will）立志要在杂志业做出一番事业。2008年大学毕业之后，他进入了一家纽约市大型周刊社去做最底层的工作，而2008年是美国杂志出版历史上最为混乱的一年。他拿到的报酬和福利还算不错，他的顶头上司是他喜爱和崇拜的一位主编。他的正向力处于非常高的水平。如果人们对第一份真正的工作感到非常满意的话，正向力水平都会很高。

6个月后，周刊社的英国老板把威尔的老板解雇了，威尔也失去了这份工作。那是2009年年初，当时每天都有杂志社关门倒闭，纽约市的失业率已经达到了两位数。威尔没有找到新的工作，他不得不搬回父母家里住。最终他陷入了典型的负向力境地：领着失业补贴，找到新工作的前景非常暗淡。然而就在此时，威尔的故事峰回路转。

在这样的状况下，有些人可能会陷入自我否定不能自拔，认为找不到工作的原因是自己哪方面有问题。也就是说，他们会试图改变自己，把自己假装成另外一个人，以谋得一个工作机会。

还有些人会大发牢骚。他们相信自己遭到解雇并不是因为自己有问题，相信目前不是找工作的好时机，相信目前的状况已非他们能掌控。他们盼望发生什么事以改变目前的境况。

威尔既没有自我否定也没有满腹牢骚。相反，他改变了"其他"。由于找到一份新工作几乎已经不可能了，于是，他决定为自己创造出一个新的工作：他要去读法学院。他的父母大为惊诧，因为他们从未想过自己的儿子会成为一名律师，而且对于读3年法学院要支

143

付的高达 6 位数的巨款毫无准备。但威尔想出了一个办法，至少在理论上解决了这个问题。他决定利用待业的这段时间准备法学院入学考试，如果他的分数够高，就能够拿到奖学金。就算是最差的状况，他也可以申请学生贷款。

总之，他的计划就是设法自己解决读法学院的问题。在上学的同时，他可以等着几十年来最差的就业环境成为过去。他坚信，等 3 年后从法学院毕业时，他不仅能拥有专业学位，他所面临的就业市场也会变得更为健康。

现在来判断一切是否会按计划发生还为时尚早，但威尔确实在读法学院了，并拿到了全额奖学金。对此他感到十分高兴。他的正向力高涨。当你对自己所处的低正向力的环境进行评估，并决定采取一些措施改变"其他"时，你的正向力自然就会提高。

我们可以把威尔和鲍勃（Bob）进行比较。鲍勃是一位律师，四十几岁，我是在一次会议上碰到他的。他是纽约上城区的一个个人执业者，他在那里长大，曾经做过房地产法律师，但后来他所处的区域房地产市场不景气，他又转做家庭法律师，办理离婚和监护等案件。这是一个比较险恶的领域，你经常要和怒气冲冲的夫妻打交道，追查拒绝支付子女抚养费的父亲，并在家庭法庭上支持既不想跟父亲又不愿跟母亲的孩子，而孩子又不怎么信任你。

相对于市场涨落比较容易预见的房地产交易，这个转变是非常巨大的。当鲍勃在津津有味地讲他的新工作时，他看到了一个朋友，并挥手和他打招呼。"那是我当初的合伙人，"他解释说，"我真羡慕他，他热爱当律师，我却憎恨这个行业。"

"为什么呢?"我问他。

"他特别热衷于成为别人的对手,和其他律师唇枪舌剑激烈交锋。一小时之前他还在怒气冲冲地叫对方'下地狱',一小时后就能和他们一起喝上一杯。对他而言,这就是一场游戏。我就做不到。我可说不出难听的话,我也不善于和人争斗。"

"听起来你似乎是选错了工作。"我说。

"我知道。"他叹口气,声音越来越小,最后索性不再说话。

鲍勃可以说是低正向力族群的一个典型代表,他完全不知道如何改变自己的生活。他被自己选择的工作困住了,而且他非常痛恨这个工作。或许他可以改变自己的个性,成为一个打法律架的高手,一个能在家庭法庭上以与人针锋相对为乐的人。也就是说,他要改变"自己"。不过我怀疑这种可能性微乎其微,就像我自己很难成为一个喜欢管理别人,喜欢审核资产负债表的人一样。

或者换一种方式,他可以改变"其他"。他可以转到其他不这么激烈对抗的法律领域,然后重新培养客户。他以前已经这样做过一次了。但是他既没有改变"自己",也没有改变"其他",他只是待在原地不动,对着陌生人唉声叹气,大发牢骚。

上面讲的不过是发生在我认识的人当中的两个随机的案例。我们每个人都有可能认识这样的人。目前美国有数以百万计的人处于与威尔和鲍勃相同的境遇。

几十万名毕业生正坐在办公桌前,或坐在家里思考着到底什么工作才是自己想要的,并为此纠结不已。他们可能会觉得自己成了牺牲品,因为他们是在就业市场最不景气的时候进入社会的,或者是因为他们所做的工作并不是他们真正想做的但又无力摆脱。

但是,他们中的大多数人都很幸运,他们毕竟还很年轻,有时间犯错误,而且有时间从错误中恢复过来。他们如此年轻,不仅能改变"其他",还能彻头彻尾地改造"自己"。他们可以改变自己的思维方式、交流方式和感知世界的方式。他们可以开发自己以前从未想过的技能,打造一个新的朋友网络,创造出新的身份认知。

但对鲍勃这样40岁以上的人而言就不那么容易了,他们已经有了至少20年的工作经验,他们有自己的家庭、债务、责任,还有很多难以改变的行为习惯。不管是改变"自己",还是改变"其他",他们都无力做出彻底的改变,因为他们要考虑到这样做的成本,以及给那些依赖他们的人造成的后果。这些都是非常难以克服的障碍。这也解释了为什么像鲍勃这样背负着家庭和按揭负担的人,会对自己的处境长吁短叹,而不试着去摆脱困境。

对于威尔这个法学院学生而言,他的选择谈不上多么具有创新性,毕竟成千上万的年轻人都在读法学院,他们之中很多人可能并不是真想当律师,他们不过是把读法学院当作一种过渡,并且还有一定的风险。他可能会痛恨法学院,或者毕业后仍然找不到工作。但相对于其他很多人而言,他已经迈出了一步,因为他在努力寻求变化。

正向力工具箱:14种小技巧激起大改变

下方清单列出的14种具体工具可以在你应对"改变自己或改变其他"的挑战时,为你提供一些帮助。这也是我所谓正向力工具箱的一部分，因为这些都是实在的工具，不是头脑中的戏法，也不是魔力药剂。像所有其他的工具一样，如果你不能用手抓住并真正地利用它们，它们就毫无用处。这些工具包括：

1. **设立个人准则**：设立生活中最基本的准则可以使你走上获得不同凡响的正向力的道路。

2. **了解自己生活在何处**："何处"是指我们在工作中和家里如何平衡短期的满足感和长期的利益。

3. **做一个乐观主义者**：勇于尝试、不怕丢脸会给你力量。

4. **做一次减法**：如果在你每天要做的事中减掉某件"大事"，你的生活将会怎样？

5. **从一砖一瓦成事**：重建正向力应该像建一堵墙一样，从一砖一瓦开始。

6. **时刻践行人生使命**：生命中细小的瞬间可能会真实地说明我们是什么样的人。

7. **到蓝海中游泳**：改变游戏地方可以成为一种取胜之道。

8. **知行知止**：宁可跳进去也不要被推下去。

9. **懂得说"你好"和"再见"**：懂得如何说"你好"，并在说"再见"时做好准备。

10. **将他人的感受量化**：个人建立的统计数据将为你揭示你所不知的生活之道。

11. **降低闲聊指数，重获效率人生**：减少我们花在对自己或他人进行大吹大擂和大肆批评上的时间。

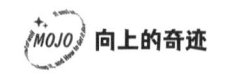

12. 影响上下级：把重要的决策者变成你的客户。

13. 为"麻烦"命名：描述我们正在做的事情有助于我们改善行事方式。

14. 给朋友一张终身通行证：朋友们给予我们的宽容往往比我们应得的要多——他们所做的一切都应该得到谅解。

我把这些工具分成 4 章进行阐述，每一章对应一种正向力要素：身份认知、成就、声誉和接受。因此，如果你的问题在于"接受"（处理某些我们无法控制的问题），你可能会发现"给朋友一张终身通行证"中所推荐的工具将大有助益。这是你在对"自己"做出改变。

如果你的问题在于"声誉"（你希望他人对你的看法与你对自己的看法相符），你将有可能在"知行知止"当中找到补救的办法。这是你在对"其他"做出改变。你将发现，每一项行动都会促使你改变自己或改变其他。

我无法预测这些工具中有多少适合你。我们每个人都面临着不同的问题。不过，我认为我们都能从每一项工具中学到些东西，因此我会逐一对这些工具进行解释。

我建议大家按顺序阅读，并特别注意工具 1，即设立个人准则。我们所有人在这一点上都可以做得非常出色。

第 12 章
你想成为什么样的人？

工具 1 强调的是设立生活准则的重要意义；工具 2 帮助你定义你所追求的短期的满足感和长期的利益；工具 3 可以帮助你摆脱悲观主义（任何身份认知的变化都会遇到的一种典型的挑战）；工具 4 是一个好玩又严肃的测试，看看你在减掉某种重要的东西之后会变成什么样子。

工具 1：设立个人准则

人们之所以会不断地丧失正向力，其原因往往在于他们缺乏坚定的使命感。他们没有明确的目标，无法将目标与机遇相结合，也无力为自己的生活设立简单的准则。结果，他们不是漫无目的地游荡，就是在原地打转，或者干脆原地不动。如今的社会变化如此快速，往往是不进则退。这也是我把设立个人准则作为正向力工具箱的第一条行动方针的原因。我希望读者能够积聚起力量，设立自己关于生活的意义和幸福的准则。这是认清生活中真正重要的事项的最佳方式。

我们当中的很多人，特别是给别人打工而非自己创业或自由职业的人，都忘记了我们是能够给自己设定目标的。但很多时候，我们都在他人设定的准则下工作和生活，跟随无意识的大众盲目地奔跑。在这种情形下，我们很少有机会为自己设立准则。

设立准则最大的好处就是，它可以迫使你变得精确，包括在做事的时候以及事后为此事负责的时候。这也就是说"要是能多花点时间和孩子们在一起我就会更幸福"和说"我每周最少要花 4 小时陪每个孩子"的区别。

前者的说法太过含糊，因而也就毫无意义。"多花点时间"是什么意思？比现在所花的时间多一分钟？那么增加这么一丁点的时间来陪伴孩子，真能改善你和孩子的现状吗？相对而言，"4 小时"就显得非常具体了，它可以测量出来，也更容易让人对自己的话负责。你要么达到了目标，要么没有达到目标。如果你达到了目标，就可以每周奖励自己一枚无形的金牌，这会让你对自己感觉良好，并很快变得轻松愉快，对那些关心此事的人（也就是你的孩子）而言尤其如此。这也是创造正向力之道。这并非魔术，只不过是看起来像魔术罢了。

痛恨冗长的会议？那就自己开公司

几年前，我曾对芭芭拉（Barbara）进行过辅导，她是一家营销公司的主管，表面上看起来积极性很高并且业绩非同凡响，但实际上，她苦不堪言。当我问她是什么让她如此愁苦时，她竟然说不出具体的原因。她喜欢自己的工作，喜欢身边的同事，工作非常出色，而且职业前景一片光明。

"好吧，"我说，"我们反过来讲。既然你不知道自己为什么不幸福，那你来告诉我什么能让你感到幸福好了。"

"太简单了，"她说，"幸福就是不必参加不想参加的会议。"

对芭芭拉而言，这是一个很好的突破口，她讲出了一个非常具体的工作上的准则。一切都是因为开会。她痛恨开会，但还不止如此。让芭芭拉感到焦躁气恼的，还有缺乏自主性和缺乏自我导向。

于是，她辞掉工作，在家里做起了咨询。这并不是向远程办公的一种转变，事实上，她成了一个完全的自由职业者。当然，这样做是有风险的，而且压力也比较大，但她可以掌控自己的时间。她再也不必参加无休无止的会议了，她可以通过电子邮件和电话与客户沟通，至于是否需要与人面谈，都由她来决定。有了这个简单的准则，她不仅无须参加毫不相干的会议，不必每天去办公室，也不必参加同样毫无结果的电话会议了。这样一来，她每天都可以节约3~4个小时。

18个月后我又联系了她。那时，她已经不在家里办公了。她的业务增长得很快，于是她在离家几分钟的地方开了一间办公室，雇了4个人。她说："我们可不开无谓的会议，我的员工从不会因为开会而抱怨。"

芭芭拉的选择既非独树一帜，亦非常人能及。毕竟这个世界上有数以百万计从企业逃离出来的"难民"在家里工作，或者自己租一间狭小的办公室自力更生。她之所以与众不同，是因为有那么一点星星之火引起了她生活的改变，即找出一个准则。一旦你确立了引导生活的某一准则，你在接下来的生活中的许多选择都可以据此做出，你可能会关上一些门，但同时也会打开其他的门。

你想在哪个领域适用此准则并不重要，只要这个准则能够帮助你明辨什么能给你带来幸福和意义就够了。

通话时间不超过 5 分钟

有些人在时间管理上有着非常严格的准则，只要他们精心计划的一天安排进展顺利，他们就会感到幸福。这就是说，他们有自己的保持幸福的准则。他们不会让未经安排的电话的通话时间超过 5 分钟；他们所住的地方能够保证每天上班的时间不会超过 30 分钟；他们不会乘坐需要转机的航班；他们的午餐时间不会多于 90 分钟（如果有哪餐饭需要花上几个小时的话，那肯定要安排在晚餐时间）；他们不会读长度超过 400 页的书；他们计划读的备忘录一定要精简到一页纸上，如此等等。我们都碰到过这种人，或许他们是有那么一些固执，也有那么一点时间强迫症，但他们还是领先了我们一步，因为他们至少已经有了准则。

有些人对于他们想要从事的工作有自己的一套准则。有些人要求薪水至少要达到多少元；有些人只愿意在温暖的环境中工作，因为他们怕冷；有些人要求自己的工作必须能保证正常的家庭生活。我认识一位成功的歌剧演员，他的工作就是无休止的排练和演出，经常连续三四周不休息，跟着不同的公司到世界上不同的城市演出。

他曾经对我说，当他的两个孩子还小的时候，他的职业准则就是不能离家连续两周以上，除非可以带上家人。两周是他能够接受的与家人分开而没有负疚感的最长时间，同时也不必担心孩子们会"忘了他"。这一准则对他的收入和演出都造成了一定的限制，但他认为这套准则很有用。他可以牺牲一些演出，却不能牺牲作为父亲的责任。这确实是一个勇敢的选择。正因为有了这个准则，他周围的人也能够比较容易地做出相关决定。

一些非常有用的准则可以帮助我们消除工作上的烦扰或危害，医生这个职业就是很好的例子。据我所知，有不少医生大幅提升了他们的正向力水平，其原因就在于他们设定了一条准则：他们拒绝在涉及非常复杂的保险条款的医疗领域行医。这项准则对他们的从业领域进行了限制，从而也限制了他们的收入。此类准则意味着行医领域的巨大变化，并且让医生变得非常有创意和创业精神（正向力较高）。

一些人成为整形医师，他们的病人都支付现金。一些人投入学术界，从而避免了临床行医的纷扰。我所认识的一位内科专家后来成为结肠检查方面的专家，并且只做结肠检查。这样，他就可以不必每天面对成群结队的各种年龄、各种病症的有着不同保险范围的病人，而只需关注这一程序的保险就可以了。

我非常喜欢我的私人医生。他在设立了非常清晰的成功准则之后决定私人营业。我每年都要多付给他一些钱（仍然是在合理的范围之内）进行体检，从来不用排队。因为私人营业的关系，他有比较多的时间和我聊天，讨论我的健康问题。一旦体检结果出来，他就会立刻打电话给我，并尽其所能让我保持健康。

他就像是老版家庭医生的"升级版",而这也是他所追求的。他的准则也许并不适合所有的医生,但对他而言却非常有效。同样,我的准则也并非适合所有的病人,但对我而言是非常有效的。

遵守"4项承诺",还你理想的老板

彼得·德鲁克是当世最有名的管理大师之一,致力于指导各类组织确立其使命。有一次,我问他(当时他已90多岁了):"你的使命是什么?"

他毫不犹豫地回答说:"我的使命就是帮助他人达成目标,前提是这些目标不违背道德和伦理。"然后他笑着打趣说:"到了这个年纪,我已经不关心那些目标是不是合法了。"

彼得虽然是在开玩笑,不过倒也说明了我们要对将进入我们生活的人制订一个明确的规范。他原本可以为极少数的对象服务,比如CEO、政府领导者、亿万富翁等精英级的人物,但与之相反,他尽量扩大了自己的潜在客户群。在他生命中的最后几年,他还与从事人道主义服务的非营利组织精诚合作,做了很多非常有益的工作。

奇怪的是,如今企业的大部分人一直在给别人设定准则。比如,我们在招聘的时候就会这样做。我们坚持要求应聘者提供简历和推荐人信息;我们要让他们参加测验;我们要面对面地对他们进行面试,还常常问一些具有侵略性的问题,而这些问题在正常的社交场合下会被认为是非常粗鲁的。我们之所以这样做,不过是因为我们要找一个最符合我们头脑中所设立的标准的候选人。

问题是:为什么我们不能同样严格地要求那些位于食物链上游

和下游的，对我们的职业和幸福有着深刻影响的人呢？为什么我们不给老板设定"雇用准则"呢？为什么我们不给将要接纳的客户或者与合作同事进行的某一项目设定准则呢？

与这些问题相比，最重要的是：为什么我们不能同样严格地要求自己呢？

我曾在《习惯力》中提到，在对客户进行辅导之前，我会要求他的参与反馈的同事们（也就是他的利益相关者们）遵守"4项承诺"。这些人不仅会告诉我该主管哪里做得不对，而且会在12～18个月之后评价我的辅导是否有效，从而决定我能否拿到酬劳。因此，我在选择那些将对我的工作进行评价的人时下了非常大的功夫。唯其如此，整个辅导过程才不会受到破坏，否则我的时间也就浪费掉了。我要求这些人承诺：

1. **不纠缠于过去**：帮助客户集中精力改变其当下的行为，而不要纠缠于他所无法改变的过去。

2. **实话实说**：让客户了解真相，而不是说他们想听的话。

3. **以支持和帮助为出发点**：鼓励客户，而非冷嘲热讽。

4. **找出自己也需要改进的地方**：这样每个人都会参与其中，并把注意力集中在"改进"而非"批判"上。

在极个别的情况下，客户的某些重要利益相关者会表明不愿遵守这些准则。他们坦承自己对我的客户感到愤怒，也不想帮他改正。在这种情况下，我会请他们不要在我的辅导结束之前参加匿名评估。

我认为，既然他们不愿意给我的客户一个公平的机会（不论我的客户多么努力地改进，他们都会视而不见），那么他们也不应该对我的客户的改进进行评估。这种情形非常少见，并且在这种情形真正发生的时候，利益相关者都认为我的准则很公平：因为他们不想帮助我的客户，他们也同意不对我的客户进行评估。

我花了几年的时间不断尝试、不断纠错才总结出这4项承诺，并为我所说的准则提供了一个切实可行的模型。如果你对自己的工作感到不愉快，那么你可以列一个清单，写下某项工作可能让你感到高兴的几个方面；如果你对你的老板感到不满，那么你可以列一个清单，写下你心目中理想的老板应该具备的几种品质；如果你不喜欢自己居住的地方，那就为自己理想的居住地设定一个准则；如果你不喜欢身边的人，那么你可以想象一下你乐意与其结交的人应该具有哪些特质。

这项任务并不困难，可以说是最基础的生活规划。不过，我仍然怀疑不会有多少人愿意列一个关于理想老板的标准单，或者为自己的朋友设定一个准则。

对于那些正向力水平高的人，他们的正向力也不是突然之间从天上掉下来的。他们对于哪些事、哪些地方以及哪些人会增加他们找到意义和幸福的机会有着非常清晰的概念。他们也许不会称之为"准则"，也许不会把它正式地写下来（不过我相信他们之中很多人已经这样做了），但他们都已经非常确定对他们而言什么是重要的。

在创造或者重获正向力之前，请你先想象一下你在达成目标后会变成什么样子，此外，你又需要付出什么样的努力才能达成目标。

如果你能把它记下来，你就有了自己的准则。我想，这是再好不过的出发点了。

工具2：了解自己生活在何处

当然，我并不是让你找一张地图，并在上面找到自己所在的街道，毕竟你怎么可能会不清楚自己晚上睡觉的地方？

但我们当中很多人都不知道自己每天的感情"生活"在何处，特别是关于我们在工作中所得到的意义和幸福方面。如果我们有那么一点野心和自知之明，我们就会不断地想弄清楚自己所处的"位置"。我们所选的道路是否正确？我们所处的位置是否正确？是不是应该前进？到达下一个位置的最佳路径是什么？如果到了下一个位置我会不会感觉更幸福？

这样的问题我们虽然可能会和配偶或最好的朋友分享，但并不会搞得世人皆知。这些问题不断地在我们的头脑里盘旋萦绕，令我们怀疑自己的 GPS 运转是否正常。

我们在分析自己与工作之间的关系时（如何在专业方面和个人方面安排工作与生活），都会有意无意地采用两个标准进行衡量：短期的满足感（或幸福）和长期的利益（或意义）。

这二者都有其价值。如果此时此地我们感受不到快乐，那我们的生活岂不是太令人失望了？但如果仅仅活在今天而不考虑未来，我们是否会感到缺乏成就感呢？我想，我们中的大多数人都不会希望自己在悲惨和空虚中度过一生吧！

当我们问自己"这项活动会让我感到幸福吗?"之类的问题时,我们实际上是在试图检验自己能从这项活动中获得的短期满足感。当我们问自己"这项活动的结果值得我的付出吗?是否会带来未来的收益?"时,我们实际上是在试图检验该项活动的长期积极影响或意义。其中一部分是猜测,一部分是希望,但我们生命中的每一刻几乎都在时钟滴答、日历翻页中被时间飞逝的压力吞没。我们需要知道我们到底是活在短期还是活在长期之中。

我们的生活逃不开 5 种模式

基本而言,在任何一个时间点,我们所有人的"生活"都可以归结为下列 5 种模式中的一种(如图 12.1)。这 5 种模式反映了我们对短期满足感的需求和长期利益的追求之间的平衡。你在生活中的大部分时间里处于哪一模式呢?

	低	高
高	牺牲模式	成功模式
	持续模式	
低	生存模式	刺激模式

长期的利益(意义) / 短期的满足感(幸福)

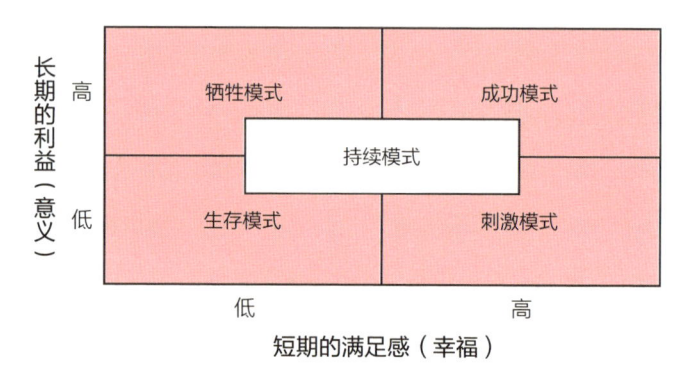

图 12.1　追求短期满足感和长期利益的 5 种模式

我的女儿凯莉·古德史密斯(Kelly Goldsmith)拥有耶鲁大学的

市场营销学博士学位,目前是美国西北大学凯洛格管理学院的助理教授。她和我共同设计了正向力调查问卷,以帮助我们理解受访者对意义和幸福的体验(包括在工作中和家里)。

最终,有几千人填写了这份调查问卷。我们要求填写正向力调查问卷的人描述自己在短期幸福和长期利益方面的得分要素,同时,我们也要求这些受访者告诉我们他们在不同的部分所花费的时间。随后,我们把自己的结果和他们对生活的整体满足感进行了比较。我会在接下来的几章讨论我们这次调查的发现。(关于我们对此次发现的详细讨论,请参阅附录 B。)

生存模式是指各项活动的短期满足感和长期利益的得分都比较低的模式。 通常来说,这是我们为了生活不得已而为之的活动。填写正向力调查问卷的受访人在描述"生存模式"的活动时,不论是在工作中还是在家里,经常会用到"苦差"一词。我们每个人都有不得不做的"苦差"。查尔斯·狄更斯笔下的穷人的生活主要就是辛苦地劳作,他们几乎没有乐趣可言,尽管倾尽全力,但所得无多。这种几乎全部处于"生存模式"的生活确实可以称得上艰难了。

刺激模式是指各项活动的短期满足感的得分较高,而长期利益的得分较低的模式。 受访者在调查问卷中列举的"刺激模式"的活动常常包括看电视、电影或体育比赛。这些活动可能会带来短期满足感,却几乎不会带来什么长期利益。和同事进行与工作无关的闲聊也是一个例子:短期而言趣味十足,长期而言却于职业毫无助益。主要处于"刺激模式"的生活虽然能带来不少短期的欢愉,却没有什么前途可言。

牺牲模式是指各项活动的短期满足感的得分较低，而长期利益的得分较高的模式。比较极端的例子是，你为了实现一个更大的目标，比如养家糊口、供孩子上大学、为退休进行储蓄而不得不投身于自己所痛恨的工作。比较常见的例子是每天花费 1 小时做运动（而你本身并不喜欢做运动）以提升自己的健康状况。在工作中，牺牲是指为了自己的职业前景而多花时间在某一项目上，但你并不喜欢这个项目。主要处于"牺牲模式"的生活虽然成绩斐然，但欢乐无多。

持续模式是指各项活动的短期满足感和长期利益的得分都比较中等的模式。在如今的网络时代，典型的"持续模式"的活动的例子是回复工作邮件。持续模式的活动或多或少有点趣味（但绝不刺激兴奋），能够给人带来某种程度的长期利益（但不会给生活带来重大改变）。调查的受访者表示，每天在家里的活动一般可以归为"持续模式"这一类；而在工作中，完成中等难度的工作任务或者强制性的阅读也可以归为这一类。主要处于"持续模式"的生活基本过得去，虽然乏善可陈，却也无可抱怨。

成功模式是指各项活动的短期满足感和长期利益的得分都比较高的模式。我们都热爱这些活动，从中获得了巨大的利益，同时，我们也从中得到了幸福和意义。在工作中，大部分时间处于"成功模式"的人感觉自己拥有梦寐以求的工作，能够发挥才智，并获得对他们而言非常重要的长期利益。在家里，家长可能会花几小时来陪自己的孩子，并且会非常享受这项活动（这与牺牲迥然有异），认为这项活动对孩子而言具有巨大的长期利益（不仅仅是刺激而已）。主要处于"成功模式"的生活让人成就不凡，并且兴味盎然。

单身母亲女招待月薪高过银行主管

只有我们自己才有资格判断自己是否从某一活动中得到了个人的满足感或利益，而且每个人感觉上的差异也足以让人头昏脑涨。对一个移民来说，从一个比较贫穷的国家来到美国，每天工作18个小时，做两份工资非常微薄的工作，但她仍然会非常珍惜工作，并且要节衣缩食省下每一分钱供孩子上学。她很可能会认为自己主要生活在"成功模式"之中，即同时拥有短期幸福和长期利益，而其他较为幸运的人很有可能会认为她的生活过于黯淡，认为她应该处于"生存模式"而非"成功模式"。

另一方面，某位CEO会因为经济形势导致的薪酬骤降和公司股价的下降而痛恨自己的工作，并感觉自己被这个职位困住了，因为这意味着她要多工作两年才能拿到（她认为）足够的养老金退休。她是被迫留在这个职位上的，因此，她很可能会觉得自己处于"生存模式"。而另外一个境遇相似的CEO，则很可能会因为有了一个带领企业走出艰难处境的机会而投入其中，并因此感到非常有成就感，因此这位CEO毫无疑问会认为自己正处于"成功模式"。

也就是说，两个从事同样活动的人对于该活动对其各自的意义可能会有完全不同的感受。在我们很多人都面对着几十年来最混乱动荡的就业环境的时候，记住这一点尤为重要。因为瞬息之间，一个人的"生存模式"对于另外一个人而言可能就是"成功模式"，反之亦然。

关于这一点，弗兰克（Frank）给我上过令我记忆犹新的一课。弗兰克是佐治亚州杰斯帕市一家银行的主管，当在开车经过亚拉巴马州普拉特维尔市时，他停下车，在长角牛排屋用餐。当时餐馆里有很多顾客,弗兰克抢到了卖酒柜台前仅剩的一个空座。

柜台前坐了大概 20 个人,弗兰克就坐在他们中间,等着柜台里唯一的一位女招待来给他点餐。他想要一份 5 分熟的菲力牛排。在等着这位女招待来点餐的时间里,弗兰克开始观察起来。他特别注意到这位女招待,看她到底什么时候会注意到他并给他拿喝的。弗兰克猜测,这位女招待已经快四十岁了,和餐馆里其他雇工一样穿着牛仔服。但她与弗兰克所见过的所有其他服务员完全不同。她在卖酒柜台从不多走一步、不多说一句话、不多做一个动作。

弗兰克坐下还不到 30 秒钟,女招待就过来给他点了一瓶啤酒,并问他:"你还要用餐吗?" 1 分钟之后,她已经在他面前摆放了一瓶啤酒、一碟花生、一份菜单和一套银质餐具,而同时,她还在给柜台前其他 20 个人上酒上餐。她还负责餐馆里所有客人点的酒水,并在外卖出门前确保所有外卖无误。她不但活力十足,还是一个效率专家,而且非常聪明。每当她行动有些落后的时候,她都准确地知道什么时候该和顾客说什么,让他们了解到她并没有忘记他们。她能够让所有人都觉得自己对她而言是最重要的,她天生就拥有政治家的天赋。

弗兰克对此大为激赏。他一边切牛排一边想,要是美国举办一个最佳招待现场秀的话,这个女招待一定会拿冠军。

弗兰克得知她的名字叫蔻西(Cothy)。"就像凯西(Cathy)一样,我的名字中只不过不是 a 而是 o。"她说。

他对她说:"你是我见过的最棒的招待。你应该到佐治亚州,来我的银行工作。"弗兰克这样讲并不是因为喝了酒的缘故,他有一半是认真的——这么出色的人应该什么都能做得来。

然而，蔻西拒绝了他。她解释道："我离婚了。我女儿只有8岁，母亲也还在家里。我可不能拍拍屁股拔腿就走。何况你也雇不起我。"

"在佐治亚州，我们银行的薪水算是很高了。"弗兰克说。

她俯身过来轻声对弗兰克说："嗯，你会付我一点小费，是吧？把你的小费乘以60，然后乘以一周5天，每年50周。如果你要雇我，那你大概一年要付给我这个数目的薪水。"弗兰克心算了一下，结果发现她很有可能比他自己赚得还要多。

如果只看简历，她几乎乏善可陈：离异、单身母亲、独力抚养女儿、和母亲住在一起、在餐馆的卖酒柜台上夜班。对很多人而言，这种生活应该归为"牺牲模式"或"生存模式"。但是这位女招待很显然非常热衷于她的工作，并且干得非常出色，各种情形都应付自如。她的正向力水平非常高，连一个陌生人都想要立刻雇用她。毫无疑问，她应属于"成功模式"。

弗兰克用完餐离开之前，给了她比平时多两倍的小费。这不过是一个小小的表示，与其说弗兰克很慷慨，倒不如说他是在向一个了不起的工作人员致敬。弗兰克想给她留下深刻的印象，就如同她已经给弗兰克留下了深刻的印象一样，尽管他知道自己可能不会再次经过亚拉巴马州的普拉特维尔市了。这个故事同时也阐释了正向力的一个特质：<u>正向力是有传递性的。当他人把积极的精神传递给我们的时候，我们也会把这种精神传递回去。</u>

检验自己正向力的一个很好的办法，就是先想一想自己在工作时的状态，再想一想自己在家里的状态，然后计算一下自己花在这5种模式中的时间所占的百分比是多少。如何增加花在"成功模式"

上的时间？我们所做的正向力调查问卷研究传达了一个清楚的信息：那些能在工作中发现幸福和意义的人在家中也会发现幸福和意义。换句话说，我们的正向力不但来自我们所做的事，也来自我们的内心。

我们的研究发现同时表明，对大多数人而言，增加总体生活满足感的唯一途径就是同时增加幸福和意义。（关于此次正向力调查问卷和我们的研究发现，请参阅附录 A 和附录 B。）

工具 3：做一个乐观主义者

当人们为自我提高（比如减肥、戒除某种恶习、运动、对同事或家人更友善、学习一种新语言、学习一种乐器、提升正向力水平等）打响了一场个人战斗时，他们大有可能会输掉这场战斗。大多数人都有可能在某一个时刻，譬如战斗初期或战斗末期败下阵来。

6 种使你轻易放弃的因素

人们为什么会放弃呢？在我女儿的帮助下——她帮我查阅了与成就目标有关的研究——我们总结出了以下 6 种最主要的因素：

1. **花费的时间比我们设想的长**。急功近利的思想超出我们的耐心和自律。

2. **事情比我们设想的要难**。改进是很困难的；如果容易的话，我们早就已经变得更好了。

3. **有其他事情要做**。某些事情将我们的注意力转移。

4. 没有得到预期的回报。我们已经成功减肥,但还是没人愿意和我们约会。我们已经特别用心,但老板并没有注意,也并不在意。这种情形让我们感到沮丧不已。

5. 太早宣布胜利。刚刚减了几磅之后就说:"我们点比萨吃吧。"

6. 必须长期坚持。决定戒烟还远远不够。我们此生再也不能抽一支烟了。守住成果谈何容易!

我们大多数人都不会把这些原因说给自己听。我们只是承认失败然后发誓下次会做得更好。

出现这样的结果不仅是因为我们缺乏自律,还是因为我们对未来抱有不切实际的憧憬,更是因为我们会心不在焉或者被挫折沮丧冲昏了头脑。这是一场乐观主义者的危机:人们尽管一开始很容易获得成功,却难以保持自己的好成绩,以至于越发觉得无法达成目标。如果你曾试图节食减肥,并很快就减掉了几磅,然后开始碰壁,发现自己距目标体重越近,就越来越难瘦下去,你便会明白这种感受。人们最初勃发的乐观主义精神早已消失无踪,而这种精神正是驱动改变之引擎的燃料。

如果你在面对这 6 种不利因素时仍保持乐观,那么相较于大多数人,你已经拥有了巨大的优势。乐观不仅是一种心境,更是一种指导我们行事的方式。乐观主义精神不仅可以自我实现,且具有传递性。一个乐观主义者往往会更有影响力。人们会被乐观主义精神吸引,并向乐观主义者靠拢。而且,在人缘方面,乐观主义者比悲观主义者更有吸引力。

MOJO 向上的奇迹

我并没有让大家放弃现实主义,我的建议恰恰相反。你需要仔细地研究这6种使你偏离目标的因素。你要知道这些因素随时有可能出现。然后,在该种情形发生时,你就会意识到这些挑战不过是正常现象,并且很有可能持续存在。这时,你一定要坚持住,并保持乐观的精神。

辐射整个组织的乐观精神

我曾目睹乐观主义在我的客户哈伦(Harlan)身上所起的作用。我曾在《习惯力》中提到过哈伦。他是一家实业公司的部门主管,手下有几千人。公司的CEO给了他一个非常具有挑战性的任务——拓展他在整个公司的积极影响力。尽管我在哈伦身上花的时间非常少,但他在我辅导过的客户中,是进步最大的一个。能和他一起工作感觉真的很棒!4年过去了,我一直没有讲过发生在哈伦身上的那些故事。

哈伦之所以能如此迅速地达成积极改变,主要在于他把改变视为机会,而非挑战。有些人在第一次见到哈伦的时候,会认为他表现出来的这种积极态度不过是在作秀,因为几乎没人能像他这样欢欣鼓舞。哈伦的乐观并不是波莉安娜[1]式乐观,他高兴是因为天空是如此之蓝,而大家融洽相处是非常值得开心的事。要想领导几千人,没有现实主义者强悍的一面是不行的。在生活中,哈伦会认为杯子是八分之七满的,而不是半空。

---

[1] 美国作家埃莉诺·霍奇曼·波特(Eleanor Hodgeman Porter)1913年创作的系列儿童小说《波莉安娜》(*Pollyanna*)中的主人公,现用来形容"过分乐观者,被视为愚蠢或盲目乐观的人"。

由于种种无法控制的原因，哈伦在 CEO 的位置出现空缺的时候并没有被提升为 CEO。对一些人来说，这样的事情无疑会摧毁他们的正向力，并终结其梦想。而另外一些人会大发牢骚，抱怨"不公平"或"没有天理"。但哈伦没有这样做。在这段比较艰难的时间里，我和他谈过几次话，他虽然很失望，却声明在当时的情形下，他会接受这个决定。

他的乐观主义精神引导着他的思想和行动。他承认这不过是时运不济，且已不再纠结于此，打算开始新的生活了。就算他感到很受伤，他也没有把伤口展示出来。

他仍然担任原来的职务，并且做得非常出色。他知道，猎头们都在盯着他这样的经理人——那些能够掌控大场面、知道如何激励他人的领导者。他的技能依然健在，他的身份认知和成就也没有受到影响。至于声誉，尽管他无法成为这家公司的 CEO，但其他人并不认为他才不堪用。他热爱这家公司，当然，他也对其他的工作机会持开放态度。如果他离开公司，他的直接下属也不会把他视为背叛者，相反，他们会对他表示支持和理解。

我无法确认哈伦的说法是否出自他永不倦怠的乐观，但在后来的几年里，他的业绩十分突出，这反过来验证了乐观主义的力量。即便他人不知道我们之间交往的这段历史，乐观主义也会让他变得与众不同。对我们所能取得的成就抱有坚定的信念，可以帮助我们改进自己的行为和风度，而他人也会感受到这一点。

大约过去了一年，哈伦在拒绝了几家公司的邀请之后，接受了一家更大规模的公司的 CEO 的职位。尽管那家公司当时面临着严峻的挑战，哈伦依然凭借他积极的正向力应付自如。他从未丧失积极的精神，也从未让某一次挫折改变他对待工作和生活的态度。这也是新公司的员工们对他竭尽所能地为员工、客户和股东服务感到激动的原因之一。

哈伦的乐观主义并非异乎寻常，但他的乐观主义精神所覆盖的范围之广令他独树一帜。他不仅对自己的未来非常乐观，对他人的潜力也抱有乐观的态度（他有自己的根据）。这也是他能够带领大家，而他人愿意追随他的原因。他所保持的乐观主义精神不仅能够传递给他人，还能够积极地辐射出去。

对他人保持乐观，自身也会充满力量

有意思的是，我们很多人有时会成为不可救药的乐观主义者，至少在当事人是我们自己的时候是如此。心理学家称之为"乐观主义偏误"，这也是行为心理学研究较多的概念之一。人们在判断自己是否会得到一个皆大欢喜的结局时，其所估计的概率往往高于平均值。而当人们在判断是否会有不好的事情发生在自己身上时，其所估计的概率往往低于他人的预测。

乐观主义偏误往往会导致自信心过度膨胀。这就是90%的司机都认为自己的驾驶技术处于中等以上水平的原因。几年前，在估计每个人对合伙企业的贡献程度时，我和我的两个合伙人的估值加在一起超过了150%，其原因也在于此。

由于乐观主义偏误，新结婚的夫妇即使知道全国有50%婚姻最终将破裂，他们仍会坚信自己绝对不会离婚。

由于乐观主义偏误，大多数吸烟的人都对香烟包装上的警示语视而不见，他们相信自己比其他不吸烟的人罹患肺癌的概率还要小。甚至有些人还会乐观地相信自己比其他人更有机会逃脱死亡的魔掌。

由于乐观主义偏误，尽管可靠的统计表明人们在大城市里开饭店的失败率是90%，新的饭店仍在不断开张。开饭店的人都知道这个数据，但并不认为这个概率适用于自己。在进行自我判断时，成功人士倾向于比较乐观地估计形势。这也是一件好事。如果没有乐观主义偏误，人们就不会结婚，或者拿一生的积蓄去创业，或者投入十年的时间去研发抗癌药。一个不愿凭借着乐观主义精神承担任何风险的社会将注定在劫难逃。

但当我们停止评估自己，而开始评估其他人成功的概率时，我们的乐观主义又会出现偏差。如果不是自己身在其中，我们就不会那么乐观了。事实上，我们可能会变得悲观和愤世嫉俗。如果让你对自己在某次会议上提出的一个你非常重视的构想打分，你给自己的分数会相当高（若非如此，你又怎么会有勇气当众说出这个构想呢？）。

而当你的主要竞争对手在会议上提出他最得意的构想时，你给他的评分恐怕就不会那么高了。你会用怀疑的眼光去审视他人的构想，甚至会冷嘲热讽。你会把他人的构想的价值和自己的构想的价值相比较，然后发现他人的构想要差上那么一点。发生这种情形的部分原因是嫉妒和竞争。我们并不在意竞争对手取得成功，但通常情况下会希望他们的成功并未超过我们，或者建立在我们失败的基础上。因为我们对他人的能力很难进行乐观的估计，因为他人的能力丝毫不受我们控制，但究其主要原因，还在于我们在对他人进行评估时，并没有那么乐观和慷慨。这是乐观主义偏误呈下降趋势的一面。对于他人的构想，我们能够看到每一个可能出现问题的细节，而对于我们自己的构想，我们不认为会有什么问题。这种想法我们应该尽量摒弃。

如果我们不仅能够把自身积极的精神应用到我们所做的事情当中，还能够把这种精神应用到他人所做的事情当中去，让我们对他人也抱有乐观主义的精神，那么我们所有人都更有机会成为一个从挫折中奋起的人、一个抛弃了冷嘲热讽和消极情绪的经理人、一个他人愿意追随的领导者。

工具4：做一次减法

几年前，我的一个朋友因罹患喉癌而切除了声带，这件事让我不寒而栗。我不禁暗自揣想，如果有一天，我再也不能讲话了该怎么办。由于我有三分之二的时间都是在讲话或倾听（另外的三分之一是写作），因此，我在全职业范围内列出了许多可替代的工作，包括研究人员和救援人员。我用了"全职业范围"这个词，但具有讽刺意味的是，我所列的清单既非面面俱到也非天马行空。我是在自己经验所及的范围内寻找一些职业，既没有夸大事实也没有好高骛远。我不过是在进行假定的练习，而不是真的要这么做。

但对我这位无法再讲话的朋友而言，他必须迅速做出决策。他曾经是个销售员，而不能讲话对一位销售员来说非常不利。他需要换一种自己喜欢的，且不需要讲话的职业。

他和他的妻子都是狂热的高尔夫球迷，于是，他们开始在网上买卖二手高尔夫设备。他在给我的电子邮件中写道:"在网上,人们不需要听到你的声音。"

这对夫妇将时机掌握得非常的精准,他们抓住了20世纪90年代后期高尔夫球技术(高尔夫球杆以旧换新交易量大增)和互联网技术(任何一个拥有电脑和储存空间的人都可以进行电子商务)高速发展的时期。不到两个月,他们就已经开始盈利。

如果没有癌症或高尔夫球,这件事就不会发生。减法是这个问题的一个关键,因为减法创造出了需求和导向。失去声带使我的这位朋友产生了新的职业需求,并将他导向了高尔夫。

我们大多数人在生活中都不会应用减法的力量,只有在万不得已的时候才偶一为之。这就是大多数人只有在自己所从事的职业被"减掉"之后,才会转行到他们真正热爱的职业上去的原因——他们已别无选择,只能放手一搏。我们大多数人都是惰性的俘虏,受困在现状之中,很少质疑我们的选择,也从不采取措施主动求变。

我所说的,并不是减掉某种在不知不觉间占去我们很多时间的行为或习惯,比如进行一个月的"媒体节食"(不看电视、不听收音机、不上网)或者"资金节制"(不去星巴克、不请私人健身教练、不买800美元一双的鞋)。这些行为即使非常有意义,充其量不过是一种"在没有某种东西的情形下来做事"的实验。它们只是一些暂时性的牺牲,而非永久性的变化。我所说的是要减掉某种真正"事关重大"的东西。

芭芭拉(我前文提过的营销主管)十分痛恨开会,因此她把开会减掉了,并相应地重建了她的职业生涯。我曾经担任过院长的职务,但在我意识到自己不喜欢管理他人的时候,我辞掉了这份工作,并投入到了一个几乎没有全职雇员的职业中。我的朋友无法讲话,因此他在自己接下来的职业中把对声音的需求减掉了。

在这个世界上,加法是我们回报自我最常见的方式——更多金钱、更多东西、更多朋友、更多产量、更多乐趣,而减法并非一种显而易见的成功之道,也不是我们在正向力工具箱中第一个想要拿取的工具。但是,减法能够以我们无法想象的方式重塑我们的世界。

如果我减掉_____,我的生活可能会更好

我常常会为橄榄球广播员约翰·麦登(John Madden)传奇的职业生涯感到赞叹。约翰·麦登曾经是美国职业橄榄球联盟一位非常成功的教练。他曾带领奥克兰突击者队夺得1977年的美国超级杯橄榄球大赛冠军,然而他在42岁的时候抛弃了教练的哨子,拿起了解说员的话筒。1979年,这种职业转变并不被看好。过去的教练转行做解说员也不像今天这样常见。况且,麦登的脾气十分火爆,高声大嗓,这与当时电视中其他解说员平缓镇静的声音大相径庭。

麦登对于他的新工作只有一条自我附加的限制:因为患有幽闭恐惧症,他拒绝乘坐飞机。因此,每到职业橄榄球联盟赛季时,他都要不停地乘坐汽车到处赶场。虽然他从事的工作需要他不停地四处奔走,他却减掉了最便捷高效的交通方式。

就像我们常说的"蝴蝶效应"一样,一只蝴蝶3月时在热带雨林扇动翅膀,却改变了8月亚特兰大飓风的模式,麦登的"禁飞令"几乎决定并塑造了他后来的职业发展。

一方面,"禁飞令"使麦登每周不得不通过公共汽车奔走于北加

利福尼亚（他的家在这里）和达拉斯、纽约、华盛顿及其他联赛城市之间，一开始是普通的公共汽车，后来变成了由企业赞助的豪华专用公共汽车"麦登号巡洋舰"，这几乎成了他轮子上的家。

在越野旅行的时候，他一连3天都在专用公共汽车上度过。由于曾做过教练，麦登很喜欢看比赛录像，研究各队的战术和队员的打法。在专用公共汽车上时，他有大把时间，也没有人会打扰他，于是，他就利用这些时间来观看比赛录像。跟其他不能或不愿意看这么多比赛录像的解说员相比，麦登拥有巨大的优势。一旦上了电视，他的这种优势就显露出来。麦登对每场比赛的真知灼见和出色的分析很快让他成为橄榄球比赛的最佳解说员。最终，麦登成了世界上薪水最高的体育赛事解说员，并且每年2月到7月间都非常清闲。

以他的直率和有洞见的分析家的声誉，麦登在1988年成为急速发展的电子游戏业的新宠。他的名字和声音被电子游戏《麦登橄榄球》(*Madden NFL*)所采纳，该游戏每年都会推出新版，并连续多年都是美国卖得最好的体育类电子游戏（每年销量超过600万）。该电子游戏（每位联盟球员在游戏中都有排名）已经为美国职业橄榄球联盟"培养"了至少两代橄榄球球迷，并有力地推动了梦幻橄榄球的发展。

把飞行从生活中减掉还对麦登的生活产生了另一方面的影响。当我们所有人都在乘飞机环游美国的时候，麦登却在陆地上欣赏着这个国家。对于他人只在飞机上经过的各州，他都开车去游览。每到一个新的城镇，他就会把"麦登号巡洋舰"停下来，以便从一个独特的视角来审视这个国家的人民和喜欢橄榄球的民众。虽然这不是他成为一名成功的电视广告产品宣传员的唯一的原因，但他在路上所进行的这种"亲民接触"并没什么坏处。

2009 年 4 月，麦登以 73 岁高龄宣布退休，他只是简单地说了一句"是时候了"。到退休的时候，麦登已经成为美国电视历史上最受欢迎、赚钱最多的解说员之一。我想，如果他也乘坐飞机，他就不会有这么辉煌的成就了。

你完全可以掌握减法这种你以前未曾利用过的力量，其使用方法非常简单：只要你对自己说，如果我减掉_____，我的生活很有可能会更好。你填空就好了。

当然，这道填空题的答案最终将由你来决定。有些人会选择减掉一个让他们头痛不已的人。有些人会选择减掉某项工作上的活动，比如长时间的考勤，或者每周的例会。有些人则会选择减掉某种已经不如以前好玩的娱乐活动。

你可以大胆地发挥自己的想象力和胆略。我们的生活中充斥着各种各样的活动，很多活动即使减掉也不会影响我们的正向力。如果我们连一个需要减掉来增加我们的正向力的活动都找不出来的话，那就有点说不过去了。

你甚至可以尝试减掉某种你不喜欢的东西。你不必真的完全放弃，只需要进行类似"如果必须放弃这个东西，我该怎么办？"的训练就能够启发你的创造力，而且说不定还能增加你的正向力呢！

第 13 章
找到只有你才能达到的成就

工具 5 可以帮助你应对最严峻的挑战：开始。工具 6 说明了平时生活中的细节可能具有非比寻常的意义。工具 7 鼓励你超越量变的改变，并开始革新。

工具 5：从一砖一瓦成事

安妮·拉莫特（Anne Lamott）写过一本非常棒的书，书名为《一只鸟接着一只鸟》(*Bird by Bird*)。这本书与写作有关，灵感源于她父亲说过的一段话。拉莫特写道：

> 那时我哥哥只有 10 岁，他正在努力完成一篇关于鸟类的

报告。这篇报告是3个月前布置下的任务,第二天就要上交了。我们都在波利纳斯的家中待着,他坐在餐桌旁,眼泪在眼圈里打转。他身边堆满了活页纸、铅笔和没有打开过的关于鸟类的书籍。

面对着如此巨大的工程,他几乎无从下手了。父亲坐到他的身边,用手挽着他的肩膀对他说:"一只鸟一只鸟来,孩子。只要一只鸟接着一只鸟地写就行了。"

当我们觉得自己已经丧失了正向力的时候,想要恢复它似乎并不容易,就像一个孩子必须完成一篇被他推迟到最后一刻的报告一样,往往会感到恐惧和无能为力。我们不知道从何处入手,希望能够有更多的时间,我们看不到终点,对能否达到终点也毫无信心。

在这种时刻,"一只鸟接着一只鸟"地重建正向力的想法不仅合情合理,而且会给人提供足够的心理安慰,因为我们知道通过这种方式,我们可以完成任何一项创造性任务的最艰难的部分:开始。

即便是那些超级成功的客户(他们很少被挑战吓倒),他们在将要改变自己的行为之前也会感到紧张。每当我告诉他们这需要12~18个月的时候,他们都觉得自己能够在更短的时间内完成改变——大概几个星期就够了。

我告诉他们:"这并不关你们的事。这是你们身边那些人的问题。人们需要12~18个月的时间来接受你已改变的事实。"接着,他们会感到紧张。他们确信自己可以改变,但不确信他人是否会看到这种改变。

在帮助客户应对诸如改变其行为模式（或重获正向力）时，我利用的意象是建墙时用的砖。你每次都放上一块砖，一块接着一块，不知不觉间你就会发现一堵墙已经砌好了。

鸟也好，砖也罢，不管你利用哪种意象来迈出第一步，其理念都一样：点滴积累成就。若要向他人展示当下你是谁，仅靠一个一次性的姿态是行不通的。人们只会把一次性的姿态当作一个噱头。

想象一下，如果你的一位粗鲁的同事突然对你很好，你会作何反应？第一次的时候你会想：呃，这家伙搞什么？第二次你就会多加注意了。第三次的时候，你的头脑中就会形成一种模式。等到这种友好的行为接连持续了十几次或更多次，而且中间不存在突然爆发的粗鲁现象之后，你就会接受此人是真的改变了。

你必须不断地积累成功。如果你向他人展现出了一种连贯性，不管这种连贯性多么微不足道，人们都会注意到。当人们发现了一种积极地反复出现的行为模式之后，他们就会理解你在做什么，然后逐步接受一个全新的你。重建声誉也要遵循此道。记住，一堵墙是由大量的砖砌成的。

每一次的成功不一定都要惹人瞩目，成功由你自己定义，但一定要连续不断地保持下去并且能被大家看到。

想要有条不紊地成事，践行 4 项规则

演员迈克尔·凯恩（Michael Caine）就是一个很好的例子。他向我讲述了自己在初涉演艺界时，是如何"一块砖一块砖"地克服口音和社会阶层等不利条件的。

要想成为演艺界的明星，你必须创造出一个自我。我出生于伦敦的工人阶级，而且很显然并不符合人们心目中对演员形象的要求，于是，我决定一点一滴地积累能让人们记住的事情。我常常在所谓的潮流地带晃，戴着墨镜，叼着雪茄。于是我成了人们口中"戴墨镜抽雪茄的家伙"。接着，当大家说我"能演工人阶级的角色"时，我又突然成了"戴墨镜抽雪茄的工人阶级演员"。随后，又有人说我是个通情达理的人，于是我成了"很好相处的戴墨镜抽雪茄的工人阶级演员"。这些说法尽管真实，却是我有意组合起来的，因为只有这样，我才不至于被人忽略。我的这种做法和大型影片公司对他们的签约演员做的如出一辙。我为自己创造出了一个形象。

下面讲的 4 条规则可以让你做事有始有终，并且能够让他人注意到你所做的事。

规则 1：不要把自己当作能预见未来的神使。 切不可等到有更多的消息或者更好的条件时再开始行动。那些认为自己能够预测此后 5 年内发生什么事的人，都不过是痴人说梦罢了。如今的世界正以迅雷不及掩耳的速度发生着变化。因此，不要试图看清自己无法预知的未来。我们永远都不会知晓所有的必要信息；我们的外部条件也永远不会完美。

小说《拉格泰姆时代》(*Ragtime*) 的作者 E.L. 多克特罗 (E.L.Doctorow) 曾经说过："写小说就像开夜车。你只能看到车灯照射范围的路，但只要有车灯照着，你就可以开完全程。"重建正向力也是如此。你也许并不具备实现积极变化所需的所有工具和信息，但你手头具备的条件已经足以使你开始行动了。你只要一直向前走，就可以沿途不断添加自己所需要的东西。

规则2：迅速行动。每次加一块砖并不意味可以缓慢前行。你需要创造出一系列成功，并且要行动得非常迅速。你所取得的各个成功之间的间隔越小，人们就越容易注意到你的成功。况且，耐心和拖沓有时并不容易区分。如果犯错不可避免，那就宁可因急切而失误，而不能因拖沓而失误。总是忙忙碌碌的人最容易引起人们的注意。

规则3：每说一次"是"就要说两次"不"。人们永远都不会拒绝参与好事的机会，但就我的经验来看，不管在哪行哪业，死胡同永远比机遇更多。每一个好的构想都伴随着几十个不好的构想，因此，该说"不"的时候就要坚决果断，尤其是在他人试图诱使你偏离正轨时。如果有人请你帮忙，除非你天不怕地不怕，否则，你要在说是之前像花钱时一样三思而后行。

你可以把自己的声誉想象成你正在一块砖一块砖地砌一堵墙，如果你原本一直在用红颜色的砖，而突然加进去一块黄颜色的砖，这堵墙看起来就会非常奇怪，而人们就会注意到这一点。对错误的构想说"是"会对你正在努力重建的声誉产生类似的影响：你将打乱自己精心构建的一条成功之路，并让人们对你的认知产生困惑。

规则4：广而告之会有所收获。我认识一位剧作家，她从来不会透露任何关于自己新作的消息。她说："如果将想法说出来，我就不会真的去写了，而只是过过嘴瘾。"这种保密方式可能比较适用于创造性工作，但对于重建你的声誉或正向力来说显然是不适合的。如果

179

人们对你抱有成见，他们不但会透过自己的成见来看待你所做的每一件事，还会不断寻找证据来证明自己的成见。

因此，如果人们认为你总是迟到，那么就算你参加午餐约会或会议时只晚到了几秒钟，人们也会把这记在你拖拉的账上。但是，如果你告诉他们，你从现在开始会努力做到准时，那么，这种"广告"会大大改变人们对你的看法。他们会非常注意你守时的行为，而不会一味寻找证据证明你总是迟到了。这种看法的小小转变只要告诉他人你正努力地改变自己就能够做到，并且将会产生很大的不同。

工具6：时刻践行人生使命

彼得·德鲁克每次对某一组织或某一个人进行辅导时，都会提出5个最基本的问题。第一个问题是：你的使命是什么？彼得认为如果你不能把自己的最终目的表述清楚，那你就无法知道自己该往何处去，或者无法知道如何到达目的地，这是一个前提。这个概念非常简单，但令我惊异的是，很多人从来没有向自己或向他人表述过他们的使命。

我知道，很多人都认为"使命宣言"应该属于20世纪80年代，这个词和"卓越""质量"一样曾经风靡一时，但如今早已过时。这也许没错，但是一个概念并不是当下最流行的词汇，也并非没有价值。"使命宣言"之所以成为业界笑柄，是因为很多企业都声称自己拥有某种理念，但一转身就忘记了自己的话，根本没有采取与宣言一致的行动。使命宣言并不是写下来就结束了，它需要人们以实际行动践行使命。很多组织都没能做到这一点。

这里我先声明，我不会要求你公开自己的使命宣言，也不会给你出主意告诉你如何把它写下来。关于使命宣言的书籍资料已经汗牛充栋，我无意再去添砖加瓦。我只是希望你思考一下自己的使命是什么，问问自己：你到底想要达成什么目标？如何达到这个目标？

很多人都无法回答这两个问题，我非常理解。但是，有些人常以旁观者的姿态，对那些能够给出答案的人横加指责，这让我难以接受。

我在非洲碰到过一个救灾工作人员，她把自己的个人使命浓缩为两个字：服务。对其他人来说，这种表述可能过于宽泛，但她自己把"服务"的内容缩小为帮助非洲病人和饥饿的儿童。自从赋予了自己这种使命，她发现自己即便在做最难忍受的、最费力不讨好的事情，她都能够为自己的行为、决定和生活找到正当的理由。每次做出选择的时候，她都会问自己："我是在服务吗？"

我的另外一个朋友就是喜欢赚钱的感觉。他把很多钱都捐给了慈善机构，并没有过奢华的生活。对他来说，赚钱本身就已经非常有趣和刺激了。两种不同的人。两种不同的使命。两人都在各自的工作中找到了意义和成就感，而且两人在工作时都有很高的正向力。一旦有了使命，你就相当于给自己规定了一个目标。接下来，你所做的所有的行动和决策的目的性都将更为清晰。

再细小的姿态也闪耀着使命的光辉

使命宣言的价值目前被低估了。拥有明确使命的人更容易集中精力，更容易找准方向，更容易改变自己的行为模式，从而改变他人对自己的看法。

我只需提醒大家注意一件事。一旦定义好了自己的使命，你就要一以贯之地身体力行，不能有选择地行事。想在重大的、明显的时刻（比如演讲的时候）保持言行一致并不难，除了那些最恶劣的伪君子，谁都可以做到。

但是，一旦我们确立了自己的使命，即使在日常平凡的时刻也应该证明其价值，而非仅仅是在意义重大的时刻。

这是从我好朋友弗朗西斯·赫塞尔本（Frances Hesselbein）那里学来的，她曾担任美国女童军的CEO。弗朗西斯是我心目中的英雄，她具有大智慧，称得上是非营利领域的彼得·德鲁克。此外，她也是一个非常有能力的领导者。在当美国女童军CEO的时候，她的使命就是那句口口相传，经久不衰的真言："我们的目的只有一个，那就是帮助女孩和青年妇女全面发挥最大的潜力。"按照她的解释，她们的手段之一就是不允许任何事情（自我意识、优越感、追求他人的认可）阻止她们帮助女性。

多年前，她们的主要城市分会的领导者进行了一次集会，她问我是否可以给这些领导者做一次有关领导力的培训，地点就在纽约市北面的女童军会议中心。我当时的培训时间安排得很满，很难抽出时间来，只有周六才有空。

弗朗西斯说："你是一名志愿者。如果你愿意在周六来培训的话，我们也没有问题。"

"弗朗西斯，这么说很不好意思，不过等到周六见你的时候，我已经在外面连续跑了超过一周了，我带的衣服只有那么多。我想我可能需要有人帮我洗一洗。"当说出这番话时，我感到有些难堪。

然而，她很快就回答说："没问题，我们会议中心有洗衣设备。你只要把待洗的衣服堆在房间地板上就好了，我会派人拿过来给你洗好。"

周六上午，我穿着最后一件干净的衬衣，按照指示把待洗的衣服堆在地板上，然后和几位女童军的领导者在楼下大厅碰了面，当时他们正在吃非常简易的早餐。

当我与这些领导者谈话时，其中一位女士抬起头来向远方点头示意。我跟随她的目光看过去，发现弗朗西斯正走过大厅，手里拿着我的脏衣服。当时大厅所有的人都看到了这一幕。作为一名CEO，她本来可以让任意一位职员来做这件事，但她仍亲力而为。

这就是弗朗西斯。她几乎在不经意间就展现出了非凡的领导力和服务意识。和我谈话的女士们都看到了她的这种微小的、瞬间的姿态。

女童军是一个非营利组织。除了管理人员之外，其他成员大多是把为女童军服务作为使命的志愿者。弗朗西斯通过亲自处理我的待洗衣物传达出了一个明确的信息：对于那些志愿帮助我们的人，我们就要这样志愿帮助他们。

她通过这样的一件小事大大地强调了他们的使命。这对我造成了非常大的冲击，使得我在20年后的今天仍然记得此事。时至今日，只要力所能及，我愿意做弗朗西斯·赫塞尔本要求我做的任何事。

不管你的使命是什么，请在执行使命之前记住下面的话：在执行使命的过程中，总会有一些他人不会发觉的细小时刻让你以为可以松一口气。但是，请不要这样做，因为这些微不足道的时刻恰恰可以大大加强我们使命的价值。你能做出什么样的微小姿态（当然，它实际上并不微小）呢？

工具 7：到蓝海中游泳

朱迪丝（Judith）是一家服装公司的主管，她受高薪诱惑，离开了原本的好职位，到敌对公司管理一个陷入低谷期的部门。她的任务是在 5 年内重整这个部门的团队，并扭亏为盈。不仅要接管一个垂死挣扎的部门，还要与公司其他三个部门竞争并胜出。

这三个部门和她的部门构成了直接的竞争关系，他们的产品只有非常细微的差别。在朱迪丝到这个公司第三个年头时，我和她在一次午餐时间碰到了，她全身都焕发着胜利者的光彩。她的部门推出的一种主打产品如今已街知巷闻，其创造了巨大的利润，把另外三个竞争部门远远抛在后面。我问她是怎么做到的，她告诉我说：

> 我根本无力和其他几个部门争设计师、衣料或客户。这些部门已经有了相当高的基础，而且它们的主管都是一些有头有脸的大人物。如果我和他们在同一片水域游泳的话，他们会把我生生吞掉的。为了避免自寻死路，我决定到没人和我竞争的"蓝海"中去冒险一搏，也就是进入无竞争领域。我从人们不怎么注意的地方，比如澳大利亚和俄罗斯雇了一些非常有创意的人员。我发现了两个目前服务不够充分的客户群体，并大力跟进。我下了很大的赌注，让我感到惊喜的是，我们取得的回报也很大。不过，关键还是在于我除了"蓝海"之外别无选择。若是没找到"蓝海"，我可能就会淹死了。

朱迪丝这种反向操作的策略不仅提升了她的身份认知（传达出来的信息：她和一般人不一样），而且改变了她所取得的成就。她不仅为公司的成长做出了贡献，而且这种成长是最优的成长，是出乎他人意料的成长。这就相当于一个新成立的公司的盈利时间比预计的时间提前了几年。

我知道，把企业战略应用到个人战略层面存在着一定的风险。我们都是有血有肉的人，而不是战略性业务组织。不过想一想，如果我们在追求个人事业的时候能找到一种类似"蓝海"的选择，那岂不是很令人向往吗？如果我们认识的所有人都朝着某一个方向在走，那么我们考虑开辟一条新的道路应该是有一定的道理的。

这种策略同时也适用于创造我们身份认知和声誉（和正向力）的成就，它的宗旨是在他人忽略的或者无竞争的领域（竞争较少，也不那么激烈）寻找机会，并把我们的个人资源投资在这些领域。事后看来，朱迪丝的策略非常有道理，但在当时，她必须具备相当的勇气和洞察力才能避免与其他部门直接竞争。

如果我们能够诚实地承认，我想我们会发现大多数人都希望和其他人在同一场地按照同一规则竞争，并凭借我们的表现获得认可。这是一种我们从小学开始就发展起来的非常自然的竞争冲动，所有人都将被"特殊对待"视为一种耻辱。当然，比较明智的做法是抑制住这种自我意识的膨胀，并去寻找未开发的、无人占领的利基市场。

你愿意成为一个大池塘里的第 4 名呢，还是愿意成为一个小池塘里的第 1 名呢？这个问题没有正确答案。但我知道自己会怎么选，因为我在职业生涯的早期，即这种选择的时候已经给出了自己的答案。

标新立异是成就自我的必经之路

如果说我在人力资源领域提出过具有开创性的构想，那就是我"发展"了个性化的 360 度反馈。我在 20 世纪 80 年代着手这项工作时，360 度反馈已经在企业界得到了极大的重视。但我知道，各个企业都是不同的：拥有不同的文化，对员工有不同的期望。那么，他们的 360 度反馈项目怎么会整齐划一呢？能否根据企业的特殊需求而为其量身打造反馈问题呢？

令人难以置信的是，当时并没有人提出这个问题，也没有人对各大企业提供个性化的 360 度反馈服务。于是我这样做了。我在一片红海中挖掘了自己的蓝海。我并没有创造出一个全新的市场，我只是为现有市场提供了一种"升级版"的产品。这是一个非常安全的利基市场，并且在很长一段时间里几乎由我独占。

成功人士并不会遏制他们这种想要标新立异的冲动，相反，他们会欢迎并利用这种冲动。这种冲动并不意味着要建立丰功伟业。我们可以在小范围内做一些力所能及的事，就像我对 360 度反馈所做出的微薄贡献一样。不过，这必须由你来完成，并且只能由你一个人来完成。这种冲动会在我们所做的所有事情中体现出来，在我们如何完成自己的工作，如何思考，如何与他人交流，甚至在我们如何传达自己的想法等方面体现出来。

哈里森·福特（Harrison Ford）主演的电影《燃眉追击》（Clear and Present Danger）里面的一个场景给我留下了深刻的印象。美国总统与一群顾问召开会议讨论如何应对一场迫在眉睫的危机。总统的一位朋友也是他的主要资金筹集人被哥伦比亚毒枭暗杀，因其暗地里涉嫌帮助哥伦比亚的毒枭洗钱。这件事一旦被媒体知晓，就会爆发出一桩天大的丑闻。总统的幕僚一致建议他尽量和这位洗钱的朋友撇清关系。没有关系，也就不会有丑闻，媒体很有可能就不会关注到这件事。总统对媒体是否会查揭开这件事心存疑虑。他说："他们会查出来的，每次发生这样的事他们都能查出来。"

会议室的主流观点相反，由福特饰演的中情局分析员杰克·莱恩（Jack Ryan）在与媒体打交道方面提出了完全相反的建议：不必遮遮掩掩，干脆挑明算了。他对总统说："如果他们问你们是不是朋友，你就说'我们是好朋友'。如果他们问你们是否来往密切，你就说'我们是一辈子的朋友'。不要给他们留下任何猜想。到此为止。"

最后，他说了一句颇具禅意的话："炸弹都已经爆炸了，再去掉雷管还有什么意义呢？"这是编剧们百试不爽的惯用桥段：把主人公杰克·莱恩塑造得与众不同，别人都向左转的时候他向右转，于是他立刻赢得了总统的信任。

我们的身份认知和声誉也是由这些细微的、针锋相对的瞬间塑造出来的。我们不可能都是有革命性的天才，从范式转移①的角度来观察这个世界。我们也不可能都成为个人电脑的发明者。但是，我们能够找到一种办法让自己变得与众不同，无论这种不同有多么微不足道。唯其如此，我们才能在自己的世界里创造出独特之处。

如果你想强化自己的正向力，你可以试着做出一些成绩，让所有人都惊呼：我怎么就没想到呢？

---

① 指一个领域里出现新的学术成果，打破了原有的假设或者法则，从而迫使人们对本学科的很多基本理论做出根本性的修正。

第 14 章
无论好坏，去验证你的直觉

工具 8 提醒我们，我们可以自行选择继续从事某项工作，或者放弃；工具 9 告诉我们如何在离开的时候保护我们的声誉；工具 10 可以帮助我们测量那些我们曾误以为无法测量的东西；工具 11 介绍了一种简单但十分有益的人际交往技巧。

工具 8：知行知止

这是我们职业生涯中面临的最为艰难的抉择之一：到底是留下，还是离开？

假定如何选择由你决定，且你打算接受的新工作与当前这个工作大致相当，也就是说，换工作并不会大幅提升你的境况（如果新的工作薪酬更高，或者机会更多，那显然新工作会更加适合你）。

这种选择之所以比较艰难，是因为我们目前还过得去，既不是特别好（否则你也不会想要跳槽了），也不是特别惨（如果你的境况很糟，那跳槽是唯一的选择，想都不用想）。

在此种情况下，你该如何做出这个可能关系到你一生的重大抉择呢？你当然可以向他人征求意见，但坦白说，即使你得到的反馈趋向一致，真正重要的还是你内心的声音。问题是，你怎么才能毫无差讹地听到自己内心的声音呢？

正向力记分卡可以帮助你解决这个问题。它能把我们职业的正向力和个人的正向力区分开来，并清楚地告诉我们哪些地方需要改变。也就是说，改变"自己"（以"你为这个工作带来了什么"作为判断的依据），或者改变"其他"（以"这个工作为你带来了什么"作为判断的依据）。

你的得分越高，你离自己"梦寐以求的工作"就越近，你的"留下或离开"的选择就越艰难。不过，一旦你弄清楚是什么让你面临这种境遇——是自己的原因，还是工作（即"其他"）的原因——如何选择就会变得异常容易。

"梦寐以求的工作"却成了噩梦

几年前，一个名叫皮尔斯（Pierce）的人突然向我抱怨起他的工作来。我以前从未听皮尔斯发过牢骚，尤其令我不解的是，他当时正处于事业上升期。就在前一年，他成功地搞定了一系列大单，公司的CEO为留住他，对他说："你可以给自己定一个觉得合理的薪酬。"

这种"工资由你随便开"的提议可不是每天都能碰到，皮尔斯能够得到这种待遇是因为他的血管里奔流着的正向力血液，而且公司的 CEO 已经意识到了这一点并想以此来激励他保持住这种状态。很快，皮尔斯与公司签了合同，并在这个 3 000 人的公司里从中层升到了高层。同时，他也是公司薪酬最高的 20 人之一。要问谁最有理由感到幸福，那一定是皮尔斯。对他而言，"生活是美好的"应该改成"生活是超级美好的"。

然而，让皮尔斯始料未及的是，这次晋升让他瞬间站到了风口浪尖，成为 CEO 监控的直接对象。显然，这是一把双刃剑。一方面，他可以与老板面对面的沟通。但另一方面，这也为意味着老板可以在任何时候给他打电话，对他的日程安排提出疑问，跟进一些无关紧要的细节，或者提出一些愚蠢的要求。

皮尔斯说："他似乎觉得满足了我的要求，就拥有了折磨我的权利。"在被 CEO 催逼 1 年后，皮尔斯开始觉得他"梦寐以求的工作"不过是喜忧参半。

当时，我还未发明正向力记分卡。我想，如果皮尔斯那时能填正向力记分卡的话，他一定会清楚地知道自己该如何选择。

皮尔斯的职业正向力得分仍然会很高，但他的个人正向力（即工作给他带来的回报、意义和幸福）得分会比较低，其原因主要在于 CEO 对待他的方式让他难以忍受。

这很好地体现了把正向力分为职业正向力和个人正向力的价值。无论你在其中某一部分的得分有多高，你都有可能受到某个低分部分的困扰而脱离常轨。如果你在个人正向力方面的得分较低，你就应该考虑换个工作了。

皮尔斯的处境相当尴尬。他的能力无可挑剔，但他施展才华的环境已经恶化。他不得不换工作了。为此，他向 CEO 提出辞职。

然而，CEO 再一次向他提出开放式提议，这让他惊诧不已。

"我不想你离开，" CEO 说，"什么才能让你满意呢？"

CEO 的手段非常高明。他清楚地知道，尽管皮尔斯是他的下属，但在职业选择这个问题上，皮尔斯才是"决策者"。这位 CEO 把他的角色从"老板"转换为"销售员"，并尽量去影响皮尔斯的决策。

皮尔斯抓住这个机会，提出了一个不大客气的请求："那就请你别再指手画脚，让我做自己的事就好了。"

直到此刻，CEO 才陡然发觉自己原来一直在"折磨"着这位明星主管，甚至令他的工作难以为继。两个人把话说开后，CEO 保证再也不会催逼他了，皮尔斯也决定留下来。皮尔斯终于改变了"其他"（在这个案例中，他改变了他的环境），而没有改变自己。他的 CEO 也明智地改变了自己（在这个案例中，CEO 改变了自己控制他人的需求），而没有去改变环境。

能力足够不等于胜任岗位

当我在构思这本书的时候，我辅导的一位叫作特丽（Teri）的市场营销主管成了第一批使用正向力记分卡的人。她在二三十岁时，曾换了一个又一个工作，之后才在宾夕法尼亚州的一家保健食品公司安顿下来。她开发了一个主打产品，后者的赢利达到了公司总利润的 50%。此后 5 年内，她被任命为公司最重要的部门的主管。尽管年薪达到了 7 位数，但是她感到十分不快。

就在这个时候，我碰巧遇到了特丽，并让她以最具代表性的一天为例试着填写正向力记分卡。我想要明确找出到底是什么让她对工作感到不满。表面看来，这个工作能够带给她想要的一切：权力、高薪以及看到自己的创意变成热销产品的满足感。到底是工作变了，还是特丽变了呢？我希望特丽的记分卡能够给出答案。

她在职业的正向力方面得分很高，这并不奇怪。特丽是一个非常有能力、积极性很强的主管；对于任何一项任务，她都能够做得相当出色，这在记分卡动机、才识、能力（或技能）、自信和诚意等项目的评分中已经表现出来（见表14.1）。

但是，她个人的正向力得分却高低互现，这也证实了她没有在每天的工作中找到幸福和意义。请大家注意，她在和部门领导参加员工例会一项上的得分是非常低的。

当我问特丽原因时，她解释说，当员工提出一些需要解决的问题时，她总是感到无能为力。当然，这并不是因为她管不了，而是因为她对员工能否圆满解决问题没有信心。

就我的经验来判断，这是事必躬亲的人在升到高级管理岗位时经常会出现的问题。几乎是一夕之间，他们发现自己没有足够的时间亲手处理每一件琐事，因而不得不假手他人，并且希望这些人能够把工作做好。他们在得到权力的那一刻就已经失去了控制权。

我告诉她："你的工作已经变了。你现在是老板，不可能亲自过问每一件事，这样做会大大损害你的正向力。"

特丽在工作的时候感到非常不愉快，她觉得自己被工作困住了，既找不到幸福，也找不到意义。

第3部分 如何做出更好的选择

表 14.1 特丽的正向力记分卡

	活动	动机	才识	能力	自信	诚意	总计	幸福	回报	意义	学识	感恩	总计	正向力得分
		职业的正向力						个人的正向力						
1	7:00 与CEO共进早餐	10	9	9	9	9	46	8	8	8	9	9	42	88
2	8:30 电子邮件	4	8	8	6	4	30	3	2	1	2	2	10	40
3	9:30 与供应商进行电话会议	8	9	9	9	9	44	6	4	5	6	4	25	69
4	10:30 包装设计会议	10	10	10	9	9	48	6	4	5	6	4	25	73
5	11:30 打电话	9	7	9	7	7	39	4	4	4	4	4	20	59
6	12:30 内部午餐会	10	9	9	9	9	46	6	4	5	6	4	25	71
7	13:30 电子邮件	4	8	8	6	4	30	3	2	1	2	2	10	40
8	14:00 与记者进行电话采访	9	10	9	9	6	43	8	8	6	9	6	37	80
9	15:00 与首席财务官开会	6	6	6	6	6	30	4	4	4	4	4	20	50
10	16:00 与市场部员工开会	10	9	9	9	9	46	5	4	5	5	4	23	69
11	17:00 每周部门领导例会	9	9	9	9	8	44	6	5	5	6	4	26	70
12	18:00 电子邮件	3	7	7	5	3	25	2	2	1	2	1	9	34
13	18:30 与西岸进行电话会议	8	7	7	8	7	37	4	5	5	4	2	20	57

因为不能改变这个环境,所以她决定改变自己。她想把自己从一个依赖他人的企业领导者转变成一个完全依靠自己的个人从业者,这也意味着她要辞去目前的工作,并在保健食品领域开始自己的业务。自己单干的第一天,她只有一个员工,那就是她自己。尽管如此,她仍然很高兴。

我想记分卡帮助特丽认清了她为什么会不高兴:并不是因为她的能力不够,而是因为这个工作不能让她感到满足。

在另外一家公司就职的吉姆所面临的情形几乎和特丽一模一样,不过他选择了相反的解决方法,并且也得到了非常好的效果。吉姆改变了自己。他意识到要想成为一名卓越的领导者(他一直都有这样的抱负),自己就必须学会如何有效地授权,让他人放手做事。他承认,问题主要在于他自己,与他的团队成员无关。他充实了自己的团队人手,在大家的帮助下成了一个出色的"委托人",并最终获得了成功。

特丽和吉姆在面对同一个问题时选择了截然不同的解决方案。任何一个方案都不比另外一个"更好"或"更差",并且都行之有效。特丽改变了环境,而吉姆改变了自己。

没有人能告诉你哪一个方案更适合你,只有你自己才知道哪种选择是正确的。我的建议非常简单:多想一想你长期的正向力。你如何才能得到更多的幸福和意义,是改变环境,还是改变自己?你到底有哪些真正的选择?

进行正向力分析——做出决策——权力利弊做出取舍——在生活的道路上继续前行!

工具9：懂得说"你好"和"再见"

我们都知道，从一个人在工作之初的表现就可以大致预测出这个人以后在该职位能做出什么成绩。因为我们在进入新环境时，都会小心翼翼，并争取把自己最好的一面表现出来。

我们都很自觉地早到晚走；我们在和新同事说话的时候要非常谨慎，生怕惹火了他们；我们会一只眼睛盯着自己的工作，另一只眼睛留意我们给他人留下的印象。几个星期后，一旦我们找到了立足点，熟悉了日常的工作，这种自我意识就会慢慢消退，并变得自然起来。如果我们能在一开始就一鸣惊人，那我们日后成功的可能性就会大大增加。

如果人们在离开的时候能和刚来的时候一样临深履薄就好了！

不得不离开自己心爱的工作将极大地伤害某个人的正向力，这远非其他事件所能比拟。有时候，你离开是因为被粗暴地解雇；有时候，你不过是大批下岗人员中的一个；有时候，你离开是因为被降级或者被剥夺了某些权力让你感到不爽；有时候，你离开是因为自己找不到事做而被排挤。

不管离开的原因如何，你都不仅要考虑到心理所承受的打击，还要考虑到离职对你的声誉造成的影响。不管你怎么解释自己离职的原因（比如含糊地说"我离开是因为有了其他的追求"，或者委婉地说"我想多花点时间陪家人"），别人都会觉得可能是你出了什么问题，也许是业绩不够理想，也许是你根本不像自己吹嘘的那么出色，而你不得不直面他人的这种质疑。

不过，如果你能采取下述策略，离职也没什么大不了的。

职业的方向：向上或向下

从领导思想的角度来讲，如果一个员工对自己被解雇感到吃惊，那就意味着管理层的工作有问题：也许老板没有对员工进行很好的培训，也许公司没有以评核的方式给予员工足够的警示。虽然这种说法有一点道理，但我认为，员工本身也应该承担一部分责任。鉴于目前员工对工作稳定性普遍感到紧张，人们会时刻关注市场形势，并为最坏的情形做好打算也就理所当然了。

一般来讲，我们离开一家公司时会采取以下两种动作中的一种：请辞或者被辞退。职位的方向也有两种：向上，或者向下。我们在感到工作有些不稳定时，这些因素（请辞和被辞、上和下）便构成了我们做出选择的框架图（如图14.1）。

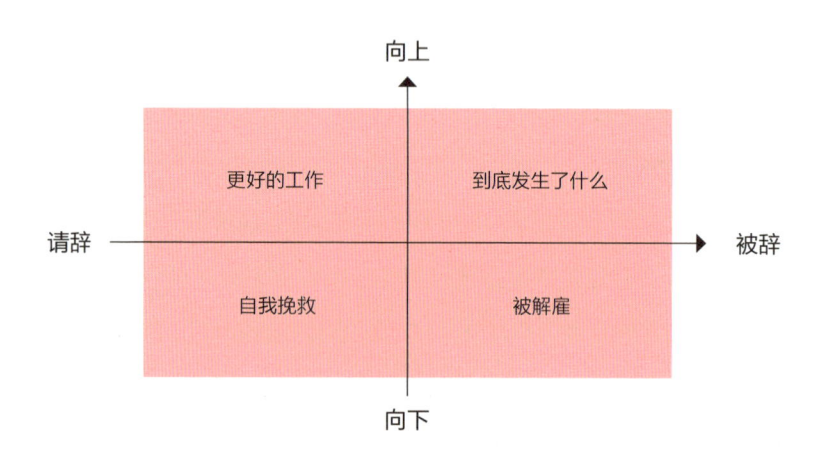

	向上	
请辞	更好的工作	到底发生了什么	被辞
	自我挽救	被解雇	
	向下	

图14.1　离职因素框架

垂直的直线表示你对自己工作的看法。你要诚实地对自己进行评价,你到底是在乘胜追击,还是感到自己已经被抛在后面?你的职业轨迹是向上还是向下?**水平的直线表示你自己的选择**。离职不是你自己的选择就是他人为你做出的选择。由这两条直线形成的4个象限代表了离职的4种原因。你属于哪个象限呢?

我希望你处在水平线之上,而不是水平线之下(当然,更不是右下象限,也就是说,你的表现很差,且所有人都知道这一点)。你的职业应该是处于上升的过程之中,即有其他雇主希望你能加盟,或者说,你有更好的工作选择。

但要注意:这并不能保证你已经立于不败之地。我曾亲见过几个案例,那些非常有能力的人被他人用不公平的手段挤走,其原因就在于他们的事业蒸蒸日上,而他们的存在被上级视为威胁。同时,在发生合并或收购的时候,新公司会把很多非常有能力的人裁掉。

因此,如果你感觉自己正处于右上象限(在自己大爆发的时候被人推下马),你就需要对自己老板的工作稳定程度进行诚实的评估。想想自己到底是老板眼中的资产还是威胁?如果你的公司正在经历一次合并,那么新公司对你的才华是否持认可的态度?

左下象限的情形最难驾驭。你做得并不好(从公司的角度看),于是,你会选择在被推出去之前主动跳出去。当然,你必须先找到可以落脚的地方。这里最为重要的一点是,即使你的工作能力每况愈下,但你在公司内部和外部的声誉仍处于一种"在市场上吃得开"的状态,你可以利用这一点来跳出去。需要注意的是,你必须迅速行动,因为可以跳出去的窗户不会永远为你打开。

为确保声誉不会受损，你最需要做的一点是先打好预防针。

是走还是留，这常常很难抉择，但选择到底是"跳开"还是"被推出去"则非常容易。

准备三个信封吧！

一家高科技公司的新任 CEO 正在经历非常难挨的一年：销售和利润都在下滑。尽管他对公司的前景感到非常忧虑，但他对自己的工作并不担心。

我问他为什么不会担心丢掉这份工作，他回答说："我初来乍到，董事会至少会再给我一次机会吧。"

接着，他对我讲了一个前任 CEO 告诉他的经典笑话。

"一位新任 CEO 在上任的第一天和前任 CEO 私下交谈。刚刚下台的 CEO 递给他 3 个编了号的信封，说：'只有在碰到无法解决的危机时，你才能打开这些信封，并且要按顺序打开，每次只能打开一个。'

"一开始都还算顺风顺水，但 6 个月过后，销售业绩出现了下滑，他面临着巨大的压力。于是他想起了那 3 个信封。他从抽屉取出第一个信封，打开后，他发现里面写着'把责任推给前任 CEO！'

"新任 CEO 于是召开了一次记者会，并巧妙地把责任推给了前任 CEO。媒体和华尔街对他的说法非常满意，并积极给予响应，业绩也因而有所回升，这次危机很快就过去了。

"几年后，公司又遭遇了销售骤跌的危机，同时产品也出现了严重的问题。CEO 想：'啊哈！该打开第二个信封了！'于是他打开第二个信封，发现里面写着'把责任推给经济形势！'当时，业内人士的日子都不好过，这一招又灵了。渡过眼前的危机，CEO已经准备好迎接下一个经济周期了。

"接连几个季度的利润增长之后，公司又碰到了困难。CEO把办公室的门关上，打开了第三个信封。

"信封里面写的是'准备三个信封吧！'"

"明白了吗，马歇尔，"他说，"我马上就可以让继任者使用第一个信封了。"

这个笑话我以前听说过，它提醒我们在最初遇到挫折的时候不必过度惊慌。虽说这个世界充满竞争，却也时不时地会表现出那么一点宽容精神。

当今世界我们必须应对的挑战是，我们可能会比以往任何时候更快地用完这"三个信封"。即便是在CEO层面，"最低任职年限"也开始变得越来越短了。

我对职业的建议很简单。尽你所能去预见将要发生的事。在你新进入一个环境的时候，不用惊慌失措，不要迷失在自我之中。外面的世界可能会危机四伏。

如果你觉得自己已经走到头了，那事实很可能就是如此。在公司解雇你（条件比较不利）之前主动离开公司（条件比较有利）。

做好"向下走"的心理准备

在经济形势动荡不堪的2008—2009年，我在和华尔街的人交谈时惊奇地发现，真正让下岗员工感到苦恼的并不是个人收入的损失，或是感到被自己的老板背叛和失业这个明摆着的事实。的确，这些都是失业造成的严重后果。但对很多人来讲，最令他们受伤的是他们失去了一个清晰的身份认知。在雷曼兄弟或贝尔斯登公司的工作是他们的身份标志，一旦失业，他们就变得没有归属感，无法确定自己是谁。一位失业的银行家曾对我说："我总觉得自己的身份被偷走了。"

这让我大惑不解。因为按照当今媒体的说法，我们都是经济体中的"自由人"，像跳房子一样从一个工作换到另一个工作，谁出价高，我们就为谁服务。因而我们很容易忘记劳动大军中的大部分人都不会把自己视为自由人。他们喜欢扎根于某家公司，这一点是有统计数据支持的。美国工人在一家公司的平均服务期高达13年。

对于这种丧失了身份认知的感觉，我并没有一用就灵的特效药。不管我说什么，都与告诉一个失恋的小伙子"振作起来，很快就会过去"一样没有任何意义。这种说法即便正确，也无法对其他人起到疗伤作用。

我所能给出的最好的建议就是：接受过去的身份认知已经毫无意义这个事实，行动起来，把自己的情感转移到其他方面去。或许你可以找一个新的工作，如果你运气很好的话；或许你可以创立一家公司，这样你就有了一个全新的"创业家"的身份；或许你可以参加义务工作，或者利用经济不景气的这段时间培养一种新的爱好，或者重续以前的健身疗法。不管怎样，都比怨怼、愤怒或者沉迷于永不再来的过去要好得多。

找新工作的时候，你要着重考虑怎样才能为新的公司做贡献，而不仅仅是自己在原来的公司做过什么。如果你原来工作的公司倒闭了，你要有"向下走"的心理准备，至少短期而言应该如此。

如果你能重新找回自己的正向力，并证明你在新的公司能够有所作为，你就可以找回过去的位置。但如果你坚信自己只能从过去的位置重新出发，你就可能什么也干不了。

大公司真的能给你"镀金"吗？

把你自己的身份如此紧密地与你的工作联系在一起的不当之处在于，你过分高估了你的良好信誉是由自己创造，而非你服务的组织赋予。这是一个常见的误解。

当我们为一家一流企业工作的时候，只要我们说自己在这里工作，这家企业的威望就会自动附加到我们身上。但实际上，这既不是我们自己的威望，也不会伴随我们一生。一旦我们离开这家企业，这种威望就会立刻消失。然而，很多聪明人都无法理解这一点，对此，我感到非常诧异。

我的一个朋友从全球最负盛名的咨询公司辞职，这是他自己的选择，因为他要自己做咨询行业。在历经了一番艰辛之后，他终于懂得了这个道理。

我拿"零保底工资"已有 30 年，对于在大企业之外的环境下生存深有体会。我已经习惯并喜欢这种生活，但我也知道，对于习惯了每月领工资的人来说，这样的环境可谓困难重重。我曾试图提醒我的这位朋友，"打响自己的品牌"和"成为企业品牌的一部分"之间有着巨大的差别。显然他并没有听进去。

我的这位朋友在离开咨询公司的时候带走了几个"过渡性"客户，而后者与他的合作在几个月后便结束了。他很快就发现企业客户更喜欢找有名的大企业做咨询，而不愿意把钱花在没什么名气的个人执业者身上。

这位朋友之所以陷入境地，其中一部分原因在于他的自尊。当他在大公司工作时，客户对他都非常友善，不停地夸他的工作做得非常出色。逐渐地，他对这家大型的在业内很受尊重的公司养成了一种"我并不靠你"的态度。他对公司的合伙人颇为无礼，对他人提供的帮助也毫不领情。

他给自己的服务定的价格非常高，而且在业务逐渐减少的时候，仍骄傲地不愿意降低价格。后来，他不得不收起自己的骄傲，到另一家大公司去工作。值得一提的是，与原来相比，他现在的级别要低得多，收入也少得多。

在这个案例中，他在应该改变"自己"时选择改变了"其他"。

假定你目前有一份不错的工作，那么你在匆匆忙忙地或怒气冲冲地想要辞职的时候，请问问你自己：我的声誉到底怎么样？我拥有这样的声誉是因为我自己的能力关系还是因为我的工作的关系？这两个问题的答案对你做出正确的决策具有非常重要的意义。

工具 10：将他人的感受量化

我写这本书的灵感有一部分来自几年前与一位名叫马丁（Martin）的理财顾问的谈话。马丁负责为那些净值很高的客户投资，他们的账户的最小金额为 500 万美元。他的工作做得很出色，基本上每年都能拿到 7 位数的薪酬。尽管他的薪酬与他的客户的年收入相比还很微薄，但马丁并不以为意。他以投资为生,非常热爱这一行业,也非常敬佩自己的那些客户,他们大都是一些白手起家的创业者和 CEO。马丁喜欢和他们在电话里交谈,也愿意在去哪里吃大餐的问题上给他们提供一点个人的建议。也正因如此,马丁非常喜欢他的这份工作。

马丁的投资收益往往强于市场表现,再加上他的第一个 CEO 客户对他赞不绝口,一有机会就把马丁推荐给他的朋友,于是,他有了良好的口碑,客户名单也越来越长。成功的秘诀就在于:以能力为主,以人脉为辅。

一天,马丁从这位 CEO 那里收到了一封电子邮件,该 CEO 在邮件里很不客气地声称准备断绝和他的合作。马丁觉得这是因为他和这位 CEO 的新夫人相处不太融洽。CEO 在邮件里说:"你对我们似乎没有以前那么热心了。"

虽然马丁因为这个打击难过了好一阵子,但他并不认为这会影响到他的生意。接下来的几个月,一切似乎仍和往常一样。不过渐渐地,马丁注意到,那些经由该 CEO 介绍来的客户的账户额度越来越少了。尽管他们都声称自己在"力求投资多样化",但他们如此一致的行为模式让马丁起了疑心。

为了证实自己的疑虑,马丁采取了一种度量手段。马丁发现自己与客户面对面交流和一起用餐的机会越来越少了。更糟糕的是,过去他的客户不管怎么忙,都会放下手头的事接听他的电话,但现在,他想跟他们在电话里说上几句都变得非常困难。

即便有时候能够接通,对方不像以前那样随意和亲近了,他们往往只会简单地说几句话,并且全都和生意相关。

203

马丁采取了手段,他接连几个月记录下自己要打多少通电话才能和某个客户说上几句话,并记录下多久他的客户才会回他的电话,以及他自己花在打电话上的时间。在积累了详尽的数据后,他的恐惧得到了证实。

"就好像我得了狐臭一样,所有人都躲着我,"他说,"我完全丧失了我的正向力。"

尽管马丁所说的"正向力"和我们的操作性定义有所不同,不过也相当接近了。如果说正向力有一种魔力,能让我们在工作时轻松自如,就像脚下装了弹簧一样(所有人都喜欢这种感觉),那么他的测量结果表明,他已经部分地丧失了这种魔力。客户开始躲着他了。

与他的正向力相比,我更关心的是他如何使用一种个人化的度量手段来解决眼前的问题。他不仅记录了自己打电话的相关数据来证实自己的预感,还用它证实了某种不利的局面。

个人化的度量手段是指我们所能收集到的有助于我们弄清现状的一系列数据或信息。我们会习惯性地把"度量"想象成那些能解释我们业务状况的数据,比如现金流、市场占有率、收入增长率、员工保有率、投资回报率等传统的"硬数据"。

但实际上,个人的度量手段可以是更为模糊的数据,可以在我们需要理解他人的情绪、感受和关系时派上用场。在这些方面,我们一般不会使用数字来衡量,而且把情绪、感受和关系等进行量化本身比较困难,因而也比较少见。

但事实是,我们应该尽量去量化,就像马丁在分析自己打电话时所做的一样。这不是关于利润和损失的硬性数据指标,而是"软"信息。

考虑到他所面临的客户问题,这可以说是他当时所能利用的最有价值的度量手段。

我们都会利用个人化的度量手段来衡量自己每天所取得的进步。如果我们正在节食,我们的度量手段就是每天早晨踏上浴室的体重秤时得到的读数。如果我们想要戒烟,我们会计算每天吸烟的次数。如果我们在为跑马拉松进行训练,我们会记录每周的里程数。只要能够量化,就能够度量。

不好的数据往往是翻盘的关键

生活中最常见的度量手段都与金钱有关:我们赚了多少钱,我们存了多少钱,他人赚了多少钱等。我们无时无刻不在对金钱进行度量。

但是,我们在利用个人化的度量手段时往往会遇到一个问题:我们会倾向于喜欢意味着美好结局的数据,而忽略那些会带来不好的结果的数据。这就是为什么在经济形势大好的2004—2007年,有很多人都喜欢在线查看他们的股票组合的市值(每天要查看3到4次);而在2008年市场指数下降了30%甚至50%的时候,投资者在线查看股票组合市值的频率大幅减少。

出现这种行为并不奇怪。如果浴室内体重计的读数令我们失望,那我们很可能就不会再踏上那台体重计了。

放弃度量往往意味着放弃改变。

在这里我想要说的是,我们就是要经常度量那些"不好的读数"。仅度量积极的进步就如同置身于一群阿谀奉承者中间,虽然自我感觉良好,但不能真实地反映我们的状况。

在读数可能会让我们沮丧的时候仍然坚持利用个人化的度量手段不仅能令我们知晓自己是在哪里跌倒的，还能告诉我们如何改变自己的运程。

以马丁为例，他通过分析自己的电话行为来确认自己和客户的关系出了问题，这是需要想象力和勇气的。需要想象力是因为他试图在不直接询问他人的情况下把他人的感受进行量化（这并不是一件容易的事），需要勇气是因为得到的结果可能会令他很痛苦。但是一旦他得到了数据，他就知道如何直面自己正向力直降的问题了。

他打电话给客户，问他们："出了什么问题吗？"他们回答是的。那位抛弃了马丁的 CEO 直言相告：他之所以离开是因为马丁缺乏"热心"。马丁的客户名单越来越长，于是花在每个客户身上的心思就越来越少，他把自己摊薄得太厉害了。而他的老客户已经习惯了马丁那种无微不至的个性化风格，现在感到自己被忽视了。听到了这些之后，马丁向他们承诺，一定会做得更好。他把自己的客户名单进行了精简，把其中一些新客户转给了其他同事。对他而言，保持与客户的关系比赚钱更重要。如果他没有使用个人化的度量手段，他可能永远也不会知道这一点。

个人化度量手段最为明显的功用在于，它在我们通常依靠直觉、印象、偶然的片段作为证据的领域为我们提供了具体的反馈。假设你是一位家长，你发现失去了和自己的十几岁的孩子之间的那种心灵相通的感觉，于是你决定通过计算他们主动和你谈话的次数来分析你和孩子们之间的关系。邻居就这样做了两个月，并最终发现，除非他先开口，孩子们很少主动和他交谈。结论是，他需要严肃地考虑修补和孩子们之间的关系了。他原本就有一些怀疑（于是进行了此项测试），但在收集到此项数据之后就完全确定了。

不过，个人化的度量手段的真正意义在于它不仅向我们揭示了我们一直在逃避的痛苦的真相，还为我们提供了一个进入微妙主题的门径。手里有了数据，我们就能商讨任何议题。有时，我们可以凭借这一手段在不对抗的情形下打开艰难的局面。

采取个人化的度量手段是你的正向力工具箱里一项非常重要的实用工具。先问自己，是怎样的"坏消息"影响了你的正向力，然后问问自己你是在逃避这个坏消息还是想面对这个坏消息。

"坏消息"有可能是一种为了毫无意义的项目浪费了太多工作时间的感觉，或者是一种客户不再站在你这边的预感，或者是日常工作让自己郁闷抓狂的一种感受（比如你所承担的任务与自己的才能完全不沾边）。类似的怀疑都可以通过有规律的观察和记录进行测量，其方法和马丁记录客户与他的通话时间的方法大致相同，也和我的邻居测量他的孩子们主动和他谈话的次数相差无几。一旦你有了自己的个人化度量手段，不管你得到的数据多么令人担忧，你都会知道下一步该怎么办。此时你唯一需要回答的问题就是：有什么会阻挡你前进的脚步。

工具 11：降低闲聊指数，重获效率人生

在这里我想提出一个你可能从未测量过的个人化度量数据。我认为这是人们在职场丧失正向力的主要原因之一，因而我相信这个数据

非常具有启发性。该数据测量的是我们的人际交往有多少是花在了毫无意义、没有结果的谈话上面。如果你认为这对你（或至少是你团队里的某些成员）并不适用，我会十分惊讶，并对此持怀疑态度。

这些年来，我在课堂上对成千上万名参与者提出过这个问题：你所有的人际交往时间有几成花在了（a）大谈自己如何聪明、如何特别、如何了不起，或听别人大谈他们如何高明、如何特别、如何了不起；加上（b）大谈别人如何愚蠢、如何笨拙、如何糟糕，或者听别人大谈其他人如何愚蠢、如何笨拙、如何糟糕。

然后我让这些"研究对象"把（a）和（b）的结果加起来，得出自己的人际交往时间有几成花在了吹牛、批评他人、听别人吹牛和批评他人上面。这里不存在"正确"答案。我只是想知道人们对其所耳闻的或参与的谈话的性质有着怎样的看法。

我碰到过一些人，他们估计的数值是100%，因为他们凭借犬儒主义者的精神相信职场上的沟通无非有两个目的：抬高自己或者贬低他人。他们的话有一点道理，但不可能所有人都是如此。我的工作是发现职场中的自我意识的证据，我可没有他们那么愤世嫉俗。

也有人估计的数值比较低，从5%到10%不等。这样的人几乎无一例外是宅男宅女，从来不发八卦电子邮件，从不在茶水间与人聊天，也从不和同事在外面待得太晚。

把这些过高和过低的估值剔除之后，最终的计算结果（与我提出这个问题这么多年来所得到的数据相一致）对我而言仍然是非常惊人的。平均值竟然达到了65%。

换句话说，根据全世界几千个受访者的反馈，我们和同事们所谈论的内容有三分之二不是在吹牛就是在批评他人，不是我们自己在这样做就是在听他人这样做。

当然，我之所以感到吃惊，主要还是因为这些闲聊的内容完全没有任何意义。

但是说到底，在吹嘘自己是如何高明、如何特别、如何了不起的时候，我们什么也学不到；在贬低他人是如何愚蠢、如何笨拙、如何糟糕的时候，我们也学不到任何东西；当听他人做些事的时候，我们仍然不会学到什么东西。如果要在职场内评出一个"最无意义的行为"的奖项，把该奖项颁给这种行为绝对是实至名归。

多年以来，65%这个统计数据已经成了我最关注的事实之一，因为它指出了一个我们大家往往会忽视的问题：我们每天要在毫无意义或者破坏性的沟通中丧失多少生产力啊。我所谓的毫无意义或者破坏性的沟通并不是指每天的电子邮件、便签、电话留言记录等（虽然这些已经对我们每天的生产力造成了一定的影响），而是指某些具有明显、具体特质的沟通行为：不是带有攻击性的就是充满了自我意识，而这两者对你的正向力都没有好处。

因此，你可以发现，现在介绍的工具是提高生产力的工具中最容易实现的。它无需任何成本，却可以为你节约大量时间，使你在工作中和家里的生活更为积极。这个工具就是：降低闲聊数值。

第 15 章
世界并非由我单独创造

工具 12 将告诉你如何更有效地影响你的经理；工具 13 解释了如何通过命名来更好地理解你的处境；工具 14 将告诉你宽恕的力量。

工具 12：影响上下级

我曾对一家制药企业的 CEO 丹尼尔（Daniel）进行辅导。在辅导过程中，我发现每当提到执行销售副总裁马特（Matt）时，丹尼尔的语气就会变得坚硬而冰冷。这种变化非常明显，我如果连这一点都觉察不出来的话，那就没资格干这一行了。

我对他说："我们来聊聊马特吧，你觉得他怎么样？"

"他是我们公司最优秀的销售员，也是最让我头疼的家伙。"丹尼尔说，"他傲慢又难以管理。他本可以接替我的职位，但现在，我只差这么一点点,"他边说边用拇指和食指比画出大概 1 厘米的长度,"就想把他踢出去了。"

"听起来,我似乎应该先对他进行辅导。"我说。

"这个主意不错!"丹尼尔说。得到 CEO 的首肯后,我去拜访了马特。根据丹尼尔的描述,我想马特应该是一个嗓门很大、剑拔弩张、自命不凡的怪物,而且肯定用不了多长时间就会把我从他的办公室里轰出来。

但出乎意料的是,马特简直算得上是我有生以来碰到的最和蔼可亲的人之一。他有着运动员一样的体魄,非常聪明,面容俊秀,谦恭有礼,对我的来访也毫无戒心。在我道明来意,向他说明他和他的老板之间存在严重的不合拍问题之后,他并没有立刻矢口否认或者表现得不屑一顾,也没有和我争辩(我以前见过很多喜欢争辩的人)。他似乎对目前存在的问题很感兴趣。

第一次见面之后,我感到有些困惑。马特看上去完全就是个称职的主管。到底是什么原因造成了他和老板之间的冲突呢?两周后,我从马特的同事和直接下属那里拿到关于他的反馈,经过一番问询才发现了端倪。他的助手劳瑞(Laurie)简单扼要地做了总结:

"马特是最棒的,"她说,"不管做什么他都是最棒的,包括销售员、领导者、老板和朋友。所有的下属都非常喜欢他,都觉得他有点傻。"

最后的一句话让我大惑不解。"他怎么会傻呢?"我问道。

"他不肯承认丹尼尔是 CEO。"她回答说。

这句话正中要害,一下子就挑明了这两位高管之间的冲突根源。马特犯了"在没有逻辑的地方寻找逻辑"的错误,或者说是这种错误的一个变体。他无法理解为什么像他这样有着过人能力的销售员非得服从于丹尼尔,这对他而言太不合逻辑。丹尼尔不过是金融出身,对销售几乎一窍不通(马特是这样认为的)。

马特所表达出来的这种情绪在当今企业中数以百万计的"知识型员工"中普遍存在。知识型员工因为接受过多年的教育和培训,比他们的经理更清楚自己在做什么。他们往往是坐在办公室格子间里的软件工程师,比公司的 CEO 更懂得写代码,并对他人无法赏识自己的聪慧而愤愤不平。任何业务娴熟的专业技术人员都有可能会觉得自己比高高在上的"通才"更优秀却怀才不遇。

马特的案例使得这种情形更具有反讽的意味。他是一名销售员,一个在影响他人方面堪称大师的人物,却没能利用自己的技能来影响在工作上对他来说最为重要的人:他的老板丹尼尔。他的助手劳瑞说他"傻"也就是这个意思。

再次见到马特的时候,我把反馈的结果直言相告。我说:"你所有的下属都很喜欢你,而且所有人都认为你是一个大傻瓜。"

马特平静地说:"谢谢。"这让我感到很不寻常。一般而言,当我告诉某人别人把他当傻瓜的时候,他们要么会暴跳如雷,要么会矢口否认,要么会百般辩解,要么试图证明"所有人"都是错的,但绝不会是这种反应。不过,这也侧面证明了马特是一个品质非常优秀的人,他对我带给他这样的信息表达了谢意。此时,我已经确信帮助马特达成改变应该会非常容易。

就像医生开药方一样,我在一页便签纸上写下了以下内容,并告诉马特要把这些内容记在心里:

第 3 部分　如何做出更好的选择

世界上每一个决策都是由有权做出该项决策的人做出的，而不是由"正确"的人、"最聪明的人"或"最有资格的人"。而且在很多情况下，都不是由你做出。如果你能影响该决策者，你将达成积极的改变。如果你不能影响该决策者，你将无法达成积极的改变。接受这个事实，你的生活就会变得更美好，同时你也会为所在的组织达成越来越多的积极改变，而你也会因此更加快乐。

马特花了很大的力气辨认我的笔迹，之后，他对我说："你说的是丹尼尔，对吧？"

你以为呢？

于是我说："马特，你看，你拥有高超的销售技巧，却没有像对待你的客户一样对待丹尼尔。你和他争执，却又不善于隐藏自己的感受，这样做简直愚不可及。如果丹尼尔是你的客户，你觉得他会怎么对你呢？"

"他肯定会把我扔出窗外。"

"你说得对，而且他差点就要这么干了。不过，现在你已经知道该怎么做了。对待你的老板要像对待客户一样。你要像影响下游的客户一样影响你上游的老板。"

了解到这一小小的诀窍之后，马特很快就开始利用他销售员的本能来修补自己与 CEO 的关系了。他运用一切能够运用的销售技巧：会及时回老板的电话，会跟进每一项活动的结果，每隔几周就会安排和老板面对面交谈或者一起吃午餐。如果客户没有买他推销的产品，他也不会抱怨；如果在进行一番探讨之后，丹尼尔仍不同意马特的最终方案，马特也会接受老板的观点。他不再对 CEO 的决策牢骚满腹，他已经翻开了新的一页。

向上管理的艺术

行为上的改变一般要在数月之后才能给周围的人留下印象，但在马特的案例中，仅仅几周之后，效果就已经很明显了。也许是因为两个人都已经注意到这种不正常的现状，且双方都非常在意这件事。"我不知道你对马特说了什么，"丹尼尔告诉我，"不过他确实是变了。"

在彼得·德鲁克关于解决管理难题的 5 个最重要的问题中，第二和第三个问题分别是"谁是你的客户？"和"你的客户对价值的考虑是什么？"。马特恰恰忘记了这两个问题。很明显，CEO 是他最重要的客户之一，而他并没有意识到这一点。

这个教训虽然简单，却并不容易记住，也不容易被人接受。每当我们抱怨不利决策时，我们都会犯类似的错误。我们常因自己的无能为力而牢骚满腹，却不愿面对造成这种境况的事实。奇怪的是，这种感觉在我们的权力得到增长之后依然挥之不去，甚至在很多情形下变得更为强烈。我让马特认清了这种迷思。在权力的阶梯上爬得越高，越接近权力的巅峰，你就越有可能对那些比你权力更大的人心怀怨恨。

从某种意义上来说，这样的怨恨有其合理的逻辑。比如说经过长时间的奋斗，你终于从公司的中层升到了高层，掌管着公司最重要或者利润最丰厚的部门。CEO 的权力并没有减少，但你在公司内部的权力已得到了大幅提升。每一天，当你在自己的团队成员面前显示权威的时候，你都会越来越觉得自己应该和 CEO 平起平坐，而不甘心仅仅做一个下属。这种感受非常自然，但也非常危险，因为它很有可能会让你急剧膨胀，使你变得不可一世，从而忽略了对你最重要的客户（也就是你的老板）的关注和反馈。

我无意鼓励大家都对上司拍马奉承。做一个"老好人"或者"马屁精"长期而言都不是很有效的策略。我想说的是，既不要认为经理做什么都是应该的，也不要因为他/她是你的老板而心生怨恨。任何交易中都存在着买家和卖家，都会有供应商和顾客。你每天和经理进行"人际交易"时也遵循着同样的道理。在很多情况下，你是供应商，你的经理是客户。一旦你能意识到这一点，一切就会开始向好的方向转变。

如果你正领导着一批人，那么你就不仅是在帮助自己，同时也是在帮助他们。如果你是一个能很好地推销自己，有效地影响上层的领导者，那你的直接下属就更有可能获得所需的资源和支持，以成功完成目标。同时，你也以身作则地为你的直接下属树立了一个典范——竭尽所能完成使命并做出积极改变；不让自我意识蒙蔽了自己的理智。

工具 13：为"麻烦"命名

如果你想更好地理解所处的情境，那就赋予它一个名字吧。

给某种事物（可能是我们想要采取的某种策略，或者他人采取的针对我们的战术,或者某位同事做出的让我们始料未及的行为,或者我们不得不做出的关乎一生命运的抉择)命名能够让我们更连贯地组织自己的行为。通过命名,我们可以把当前的行为与过去进行比较。命名还有助于我们立此存照,以便我们日后更精确地识别该种情形并更好地做出反应。命名有助于我们学习、说理和控制。

我们大多数人都会给日常见到的人和事物命名,只不过有时候不自知罢了。如果我们在参加会议时,发现所有人都在为某个错误拼命地推脱责任,我们就会把这次会议称为"批评会",也就相当于把它"框定"为完全是在浪费时间。如果我们因某位同事的业务表现,或身体特征而给他起诸如"孤狼""卷毛"之类的绰号,不管是出于诚意还是出于嘲讽,我们都已经借这个绰号"框定"了此人在我们心目中的价值。作为家长,如果我们看到孩子因为请求被拒绝,而到我们的配偶那里去寻求援助的话,我们就会把他们的战术定性为"分而治之"。这个定性会提醒我们不要中孩子们的花招,而应结成统一战线来抵制他们的伎俩。

如此说来,命名基本和在街上或聚会上碰到某位似曾相识的人差不多。我们认识这张脸,却记不起这个人的名字。如果我们多观察一会儿,很有可能会想起其姓名,或者是在这个人发觉我们的困扰后把他/她的名字告诉给我们。这时候,我们尘封的记忆就会立刻闪亮起来。我们会一边说"啊呀,可不是吗",一边把这个名字和其他名字联系起来,并在我们的头脑中生动地记起最后一次是在什么时候、在哪里见到过这个人。慢慢地,我们会记起自己是如何认识这个人,经由谁的介绍认识的,我们和对方说过什么,我们有哪些共同之处,我们是否喜欢或者希望再次碰到这个人，等等。单是听到一个名字，我们就会立即想起一系列相关信息。

如果你能把你在职场中或者日常生活中不得不应付的各种攻击性的、威胁性的或欺骗性的手段都命名一番会是怎样的情形呢？举个例子，本地的一名商贩在做广告时把某件热门商品的价格标得非常低，因而你被引诱到他的店里。然而，当你想买这件商品的时候，却被告知该商品"已售罄"。

如果你足够警觉，有足够的经验，而且具有一定的怀疑精神，你就会发现自己被耍了，这不过是商家最古老的一个花招，也就是人们常说的那种"挂羊头卖狗肉"的可鄙手法而已。一旦想出这个花招的名字，你就会立刻高度警觉并进入战斗状态。这个名字会瞬间令你回想起自己以前经历过的类似事件，立刻就知道该如何应付。

优越情结：忍不住的坏情绪

我知道，命名从某种意义上来说就和我们每天呼吸的空气一样普通，对那些医药、法律、金融和体育界的专业人士而言尤其如此。上述这些领域如果没有了专业术语，就会产生混乱而无法索解。专业术语实际上就是预先制定的名称，其作用与命名完全相同：以一种新的视角框定某种情境，从而让我们识别并应对这种情境。

譬如，在橄榄球运动中，"擒杀"（Sack）一词的意思是进攻方的四分卫（位于开球线后）尚未完成传球动作便被防守队员推倒。这种情况不常发生，一般一局比赛至多出现三四次。正因为"擒杀"来之不易，其在比赛中也就至关重要。擒杀具有非常重要的战术意义，它不仅可以有效阻止对方的进攻，还可以在身体上对四分卫进行惩罚，进而影响其在之后的比赛中的发挥。

那么，这个词从何而来？是来自古代战争中侵略者对城池的洗略（Sack），是凭空杜撰出来，还是仅因为这个词的发音比较上口就借用过来了？事实是，20世纪60年代中期以前，橄榄球运动中从未出现过"擒杀"这个词。这个词是谁发明的，如今已经无从考证。美国职业橄榄球联盟直到1982年才开始有擒杀的数据统计。但在比赛中，队员在开球线后将四分卫推倒的历史已有近100年。为什么几十年之后，人们才给橄榄球运动中如此明显、如此重要的一种防守技术赋予了名称呢？

我能想到的唯一的答案就是，有人觉得这是橄榄球运动中非常重要的一项技术，并通过为这项技术命名来彰显其重要性。这种技术为比赛增添了新的乐趣，使比赛变得更加精彩，也更能让人赏心悦目。公众不仅开始从一个新的视角来欣赏以前忽略的或认为无关紧要的东西，还对橄榄球的了解更为加深。"擒杀"除了是一种必杀手段，擒杀数据甚至可以被用来预测一场比赛的胜负。擒杀数据占优的球队往往会赢得比赛。理论上，每一次擒杀可获得3分，这样一来，如果一个球队在某场比赛中完成了3次擒杀，那么该队就拥有了9分的优势。

但在给这种技术命名之前，所有这一切似乎都没有人在意。

在这里，我想说的是：我们在给事物命名的时候可以多发挥一点想象力，这将大大提升我们对周遭世界的理解和认知。我建议大家在某一天或某一周试着这样去做：赋予你所做的每一件有意义的事或你遇到的每一个人一个名字。如果你每天乘坐地铁上下班，赋予这个地铁一个名字；如果你在开始工作之前要喝一杯咖啡，赋予这个咖啡杯一个名字；如果你每周二上午10:30都要开会，赋予这个会议一个名字；如果你和某位同事相处得特别融洽，赋予这位同事一个名字；如果哪位同事让你感到特别恼火，那也给这个家伙起一个绰号。这是一种观察力和判断力的练习，从中可以看出你对周遭世界的感知程度和真实想法。

我有一位客户名叫迈尔斯（Miles），他是一名营销主管，看起来非常沉着冷静。但实际上，他在人际交往上存在着严重的情绪控制问题。这多少让我有些诧异，因为我在第一次见到迈尔斯的时候，曾认为他有一种非常闲适的风度，似乎任何人或任何事都不会让他动怒。反馈的事实并非如此。迈尔斯非常容易因为下属工作不当而发脾气，他不但不会指导下属改正错误，还会对他们极力申斥。

我请迈尔斯举出日常生活中的哪些情况会让他感到不高兴或恼火，即他的正向力在哪些情况下会很低。迈尔斯立刻如数家珍般一一列举。他对他儿子的橄榄球教练非常恼火，他觉得这家伙完全不知道自己在干什么。他和银行人员发生口角，因为对方多收了某项费用。他甚至还和一家冰激凌店的店员爆发了口水战，因为他觉得香草冰激凌的分量不足，很可能少了几勺。

"你为什么会这么在意那些事呢？"我听他讲完冰激凌之战后问他，"应该不是因为店员骗了你50美分这么简单吧，这肯定不是钱的问题。"

他所举的例子虽然表面上看起来微不足道，但都表达出一个相同的主题，我希望迈尔斯能够自己发现其中存在的某种模式。这种模式非常明显，也非常典型。每当迈尔斯感到恼火的时候，他的正向力就会很低，而他之所以感到恼火是因为他不得不依赖那些在他看来比他低劣的人。他觉得自己比他儿子的教练更懂橄榄球；他觉得银行人员太过马虎；他觉得冰激凌店的店员偷工减料。他对自己不得不依赖他看不起的人感到厌恶，这种厌恶感不但会在他工作的时候因为下属的原因而表现出来，在生活中任何时候都有可能一触即发。

"那么，你是说我有一种优越情结！"他说。

我很高兴他能自己想出这个名称。这就意味着他对自己的了解又加深了一步。

"没错，"我说，"这就是你的阿喀琉斯之踵[1]。这种情结会让你表现出令人难以接受的一面，这不仅会影响到你的下属，还会损害你作为老板的领导力。你一定要记住这个词：优越情结。这是你致命的弱点。以后你如果再因不得不依赖他人而感到怒不可遏，那就想一想这个词，如果这个词能提醒你丑陋的一面已经暴露，也许你就能在发火之前三思而后行。"

连续接受冒犯者：爱找碴的搭档

我们不仅能通过命名来增加对自己的处境的认知，还可以与他人

---

[1] Achilles' Heel，阿喀琉斯（Achilles）是古希腊神话中海神的儿子。传说在出生的时候，他的母亲曾倒提着把他全身浸在冥河里，使其全身刀枪不入，但是母亲手握着的脚后跟因为没有浸入河水而成了他最脆弱的地方，一个致命的弱点。后来在特洛伊战争中，他被愤怒的阿波罗用神箭射中脚后跟，鲜血流尽而亡。因此谚语中"阿喀琉斯之踵"是指唯一致命的弱点。

共享这些名称，帮助他人拨云见日，看清真相。

我的一位邻居是个非常成功的歌曲创作团队的成员，他的歌并不是你会下载到 iPod 里听的那种，我所说的成功也并不是指在流行音乐领域。他和他的团队专注于给广告、电视节目和电影写短歌和主题音乐。而在这个领域之外，几乎没有人认识他们。我的这位邻居名叫查克（Chuck），他和搭档莱尼（Lenny）已经合作长达 15 年之久。他们俩是一对非常奇特的组合。查克是一个块头很大，嗓门也很高的"大人物"，而莱尼则是一个小心翼翼的、安静的学者型人物。查克非常善于表演，而莱尼非常善于管理生意。

他们都是功底非常深厚的音乐人和文字大师。当他们在一起合作完成某个作品的时候，查克总是会主导演出，而莱尼则在幕后默默支持，只有在需要的时候才偶尔上台露面。他们在工作上是很好的朋友，却在私下里从不来往，尽管他们在南加州的住所相距不过 20 分钟的车程。15 年来，他们从没有带着妻子在一起吃过一次饭。他们一起合作得天衣无缝，从来不会为谁写什么、功劳应该归谁等事情争吵。

这种合作关系简直可以称得上完美，是典型的一加一大于二的例子。但有一次，他们为了生意上的一点小事闹起了矛盾。具体的细节非常琐屑，这里就不再复述了。原因就是查克认为莱尼在做生意时没有充分考虑到他的利益。他为此感到非常生气。

两个人在电话和电子邮件里不断地争吵，逐步地，这种争吵变得越来越激烈。莱尼还把他写给查克的一些恶意攻击的句子让我看（我想他当时一定为自己的机智感到自豪吧）。

221

"这太孩子气了。"我说。

"管他呢,反正是他错了,"莱尼说,"我并没有想骗他。"

"我相信这是真的,"我说,"但不断侮辱他也改变不了他的想法,只会激化矛盾。这里一定有隐情,如果不弄清楚的话,你们恐怕就要拆伙了。"

一天后,莱尼打电话给我。"我搞清楚了,"他说,"根据我对查克的了解,他是一个特别爱找碴吵架的人。他每天都至少要和别人吵一次架,他就是喜欢这么干。要是看电影的时候有人在他背后大声吃爆米花,他就会和那个人吵架。去饭店吃饭的时候,如果服务员领他去了一个不太好的位子,或者是某个菜不够热的话,他就会向饭店投诉。他如果觉得酒不好或不对他的胃口,就会把酒退回去。

他会因账单而和管道工、电工发生口角。他会和纽约的出租车司机争吵,因为他觉得他们没有走最佳的路线。只要有人没有立刻给他回电话,他就觉得对方对他不够尊重。"实际上,对查克来说,每件事情都是对别人是否尊重他的一个测验。他就是这样的一个人。

"现在我终于明白了,查克的一生就花在了这些事件上,他总是因觉得别人对他不敬而感到被冒犯。他就是一个连续接受冒犯者。"

命名之后,莱尼找到了问题的关键。他采取了一种幽默的方式来框定该问题,从而使查克的行为看起来容易理解。当然,如果他不能和搭档分享这一看法并修补他们之间的关系,这种方式的用处也就很有限了。

当天,莱尼给查克打去电话,告诉对方这种恶言相向的行为必须停止了。然后他深吸一口气,把自己对查克的性格分析和盘托出。

"我还给你的这种状况起了个名字呢,"莱尼说,"你是一个连续接受冒犯者。你活着就是为了接受他人的冒犯。"

电话那端沉默了几秒钟,这几秒钟对莱尼来说非常漫长。终于,查克开始歇斯底里地大笑,并对莱尼说:"我得给我老婆打个电话。她如果听到你的话肯定要笑死了。你说得太对了。"

简单的命名之后,他们之间的战争结束了。莱尼不仅对查克的行为多了一些了解,还为之取了一个名字,而查克不仅接受了这个名字,还很高兴。现在,查克写给他的搭档的电子邮件的签名全部都是"连续接受冒犯者"。

一个名字到底意味着什么呢?我们永远都不会完全了解。

工具 14:给朋友一张终身通行证

我的朋友菲利普(Phillip)曾经帮过我一个很大的忙。由于他的引荐,我和三名客户建立了业务关系,他们是我最喜欢的客户。现在,我仍然和这些客户保持着很好的朋友关系,而且我相信我们的朋友关系也帮助我结识了很多其他了不起的人。我欠菲利普很大的人情。如果没有他,这些人可能永远都不会和我发生联系。正因如此,菲利普也成为我生命中最重要的 50 人之一,每年我都至少会对他们每个人说一次:谢谢你让我的生活变得更加美好。

菲利普是一个非常风趣的人。他很聪明,既富有创意,又有风度,但在小事情上往往不怎么靠谱。他的创意通常非常棒,有时候还能产生巨大的收益,而他的成功就源于此。但他总会接连不断地在细微的方面把事情搞砸，这一点让人难以忍受，甚至将他所有的优点都给抵消了。这些年来，他在很多小事情上让我失望无比，比如他会在最后一刻取消计划等。这些都是小的恼人之处，不过是给我的生活平添了一些干扰，却并不足以撕裂我们之间的联系。

对于这些令人不快的事情，菲利普总是表现出一副痛心疾首的样子，每次都忙不迭地道歉。我总是愿意接受他的道歉，并告诉他："菲利普，相对于你的帮助而言，你对我造成的这些小小的不愉快根本算不了什么。你给我带来的好处远远大于你带来的困扰，放心吧，在我这里你拥有终身的通行证。"我的这番话让他非常受用，而我的感觉则更良好（原谅他人会让你有这种感觉）。我们一直都是非常要好的朋友。

你可以说我对他的放纵实际上助长了菲利普不靠谱的行为，但事情并非如你所想。对我而言，这是一个看待事情的角度。每当想到菲利普的所作所为，我都会问自己一个问题：有了这个人，我的生活是变得更好了还是变得更差了？我把这个问题称为"罗纳德·里根问题"（Ronald Reagan Question，里根在1980年因向选民提问"你们现在是不是比四年前生活得更好了？"而赢得了总统大选，并且在1984年凭借相同的问题又一次赢得了总统大选）。而对于菲利普，我的答案永远都是他让我的生活变得更好了。我对此心怀感激，他的任何让我不愉快的行为都不会改变这一情形。这就是终身通行证的力量。

我问你一个问题：一生中你给多少人颁发过终身通行证呢？另一个更为尖锐的问题是：你觉得这个数目是太多了还是太少了呢？

我的猜测是，大多数人都觉得这个数目应该更多一些！做出这种猜测，是因为我常常会听到人们跟我大讲特讲他们如何因某人"不可原谅"的行为而与其割袍断义。我们都听过这样的故事，这些故事也都在我们身上发生过，而我们也可能因为自己的一些恶劣行为而失去某位朋友。

可以说，这是现代生活中经常上演的戏码。有一次，我在和一名成功的管理咨询师爱德华（Edward）吃饭时提到了一位老熟人的名字，这个人也是咨询界人士，爱德华和他有生意往来。然而，当听到这个人的名字后，爱德华立刻打断了我的说话，像挥剑一样挥舞着手里的餐叉，对我说："我再也不想提这个人了。他对我来说就是个死人。"

我怎么可能轻易放过如此引人遐思的话题呢？于是，我向爱德华打听事情的原委。这个家伙到底犯了什么十恶不赦的罪过，使得他们之间这种长期互利的关系分崩离析？爱德华看自己推脱不过，最终只好告诉我这个朋友是怎样背信弃义的。原来，此人不可原谅的行为是他缺少电话礼节。这位"前朋友"没有打电话告诉爱德华他将和一个与他们俩有共同业务关系的人会面。这并不是什么犯罪行为，也算不上不讲道义。他很可能并不是有意要这样做，甚至很可能仅仅是因为日程安排太紧而忽略了而已。但不知为何，爱德华认为他这样偷偷摸摸的做法不可原谅。

仅此而已？我暗想。就因为少打了一个电话？

这让我忍不住揣想，如果爱德华向自己提出"罗纳德·里根问题"，而不是为这种小事大为恼火会产生什么样的结果？如果他能问问自己，他们很可能还会是朋友。我们每个人都应该想着如何让自己的朋友的数目不断增加，而不是不断减少。

然而奇怪的是，对于自己的家人，我们一直以来都是这样做的。我们当中的哪些人没有忍受过兄弟姐妹、子女或父母的言语伤害或者不公正的对待呢？但我们会接受并原谅他们这些轻微的冒犯和不当的举止，毕竟血浓于水，家人理应得到一张终身通行证。

这就是我在这里要推荐的、关于"接受"的工具。**既然我们能够对家人如此宽容大量，那为什么不能把这种宽容扩展到那些让我们的生活变得更美好的人身上呢？**我们要做的就是提出"罗纳德·里根问题"，并接受问题的答案。

这不仅是一个关于感恩的练习。这样做可以强迫我们谦卑地接受成功并非由我们单独创造这个事实。一路走来，我们得到了他人的许多帮助。从这个意义上来说，终身通行证有着双重的功效。它不仅可以提醒我们维护好身边的朋友（尽管他们有时会让我们失望），还给我们提供了一种观察世界的新角度，而我们却时常会忘记这个角度。事实上，只要从这个角度来看待事情，我们会了解到自己并不孤单。

为了维护高超的正向力水平，你要列出一个清单，写下那些曾经帮助你拥有更美满生活的人的名字。你应该给他们颁发一张"终身通行证"，告诉他们，你因他们而生活得更美好。或许，他们也会给你一张"终身通行证"作为回报，谁知道呢？

Part 4
第 4 部 分

向上的路，
你不必一个人走

我们喜欢有人陪伴、有人支持，而当我们要对某人负责时，就会变得更有动力。"和你在一起让我找到了生活中的快乐。"

第 16 章
小小的义务让我们更加专注

毋庸置疑，这是一本关于自助成长的书。本书的前三部分在于讲述如何自我改进。在探讨影响正向力的四个要素——身份认知、成就、声誉和接受之后，本章将集中讨论如何塑造一个更幸福、更自信、更积极地投入生活的自我。

不过，还有一点我在前面没有谈及，而它也许是本书最重要的一个建议：请勿单打独斗。不管你想在哪一方面有所改进，如果你能找一个人来帮助你，那么成功的概率就会大大增加。

这也是我从个人经验中总结出来的。过去的几年里，我的朋友吉姆·摩尔（Jim Moore）在我达成个人目标的过程中，为我提供了很大的帮助。不管在世界的哪个角落，无论发生什么事情，我们每天都会通电话，而吉姆会向我提出几个问题。这些问题都是关于日常生活的，比如：今天你有没有对丽达（Lyda，我的妻子）说些体贴的话或做体贴的事？你今天的体重是多少？你今天花了多少时间写作？吉姆是一位在领导力发展研究领域备受推崇的专家，但他愿意仅以一个朋友的身份每天对我进行测试，真诚地为我提供帮助。

这个过程简单至极。每天收工时，吉姆都会问我17个问题，其数量会依照我的目标（如维持体重或对家人更好一点）的变化而有所改变。每个问题都要用是、不是或一个数字来回答。每次提问的结果我都会用Excel表格记录下来，我还会在一周后对自己达成目标的情况进行评估。（对于吉姆给我的帮助，我的回报是每天问他17个对他而言非常重要的问题。）

这个简单的行动所取得的成果令我大为震惊。坚持此项行动18个月之后，吉姆和我的体重都达到了我们的预期。我们都花了许多时间进行锻炼，并且完成了更多计划的事项（我对妻子更为体贴了）。

出于实验的目的，我们把这项行动中断了一年。结果，我们两个人的体重都长回来了，而且计划的事项也完成得少了。尽管这是一个可以预见的结果，但我们仍感到十分沮丧。最终，我们立刻重启行动，效果立竿见影，我们又能达成自己的目标了。我从未感到不幸福，但在我实施行动之后，我的生活变得更幸福，也更有意义。

此事所蕴含的教育意义显而易见：我们不一定要完全依赖自己。

有些人已经开始凭着直觉这样做了。比如，我们会邀请朋友和我们一起上瑜伽课或者参加马拉松（本质上说，这是一项非常"孤单"的运动）训练。我们喜欢有人陪伴、有人支持，而当我们要对某人负责时，就会变得更有动力。

这种小小的义务会让我们更加专注。我们坚持这种关系的时间越长，我们离目标就会越近，我们与朋友之间的联系也就会越紧密。到了某种程度之后，我们就没有回头路了，因为我们不想让朋友失望，或者不想成为第一个放弃的人（在这种意义上，我们已经有了一点竞争意识，这是一件好事）。相对于单枪匹马作战，与人结对进行某项活动可以让我们更自律，不会随便放弃。

相比于非常确定的个人目标（比如戒烟、减肥或者进行体育训练等需要朋友在精神上支持的目标），这种与人结伴的方法比培训或辅导更有效。

然而，当我们决心要在工作上自我改进的时候，我们的第一反应往往不是找人来帮忙。无论是想提高客户的质量，还是想抓住一次重大的升职机会，或是想在职业上有所转变，我们首先想到的就是单枪匹马地完成。

毕竟，这是我们自己的目标，需要我们自己付出努力。如果目标达成了，那就是我们自己的成就、自己的收获，我们怎么能够和别人分享我们的负担以及荣耀呢？

我们这样做一部分是出于自我保护的本能。如果我们没达成目标，我们希望只有自己知道自己的失败；如果没有人知道我们在为什么而奋斗，那么也就没有人能够因为我们失败而对我们横加指责了。

但更大的原因在于：我们过于自负。正因如此，有些人即使在迷路的时候也不会去问路。我们不能坦承自己需要帮助；我们不能接受别人比我们更了解如何让自己变得更好这个事实；我们认为，如果我们的成就不是完全由自己独力取得，那就不完美了；我们不希望有人来分享我们的功劳。

寻求帮助：拿出对所有人都有价值的成果

几年前，我曾目睹两位我熟识的女士竞争某家杂志社主编岗位的情形。面试进行得非常激烈，最终不得不由这两位女士各自提出两期杂志的创意来决定谁能得到这个职位。要在短时间内想出两期杂志的内容和标题，这个工作量非常庞大。两位女士各自采取了不同的策略来应对挑战，我深深地被她们各自的方法所吸引。

莉莉（Lily）是一个大胆、自信的编辑，她已经习惯于在任何环境下都作为明星出场，也就是说，她的自我意识非常强烈。一接到这个任务，她立刻挥别了丈夫和孩子，在朋友家里闭关苦战，一个人利用三天的时间完成了两期杂志的全部内容。她在截止日期前就把自己的参赛作品递交了上去，并且非常骄傲地宣称这是她最得意的作品。

莉莉的竞争对手是萨拉（Sarah），如果说莉莉是只敏捷的兔子，那萨拉就是缓慢的乌龟。她和莉莉一样对自己的创新能力非常自信，但她的自我意识并没有莉莉那么强。她并没有把这次挑战当作压轴大戏，而是将之视为对自己的学院派思想的训练。她打电话叫来了十几个信得过的朋友，让他们帮忙出主意，提供故事素材，琢磨一些巧妙的标题，并分析了可能的供稿人。她把大家的建议都记下来，接着开始做她自己最拿手的事：编辑。她把自己不喜欢的工作交给别人来做，把最擅长的工作留给自己。

她们二人运用了单打独斗和寻求帮助这两种不同的方法，对比鲜明。莉莉想要独立完成，她把成果当成自己要送出的一份礼物，亲自制订计划方案，亲手放到精美的盒子里面，亲手打上粉红色的丝带并递交给裁判，并希望裁判能给她的努力一个最好的评价。萨拉却把眼光放在了另一项奖项上,她知道最重要的东西是最终拿出来的产品,而杂志的内容是属于自己的原创还是别人的想法并不重要。这种兼收并蓄的方法起到了很好的效果,最终,萨拉得到了这份工作。

在努力实现创造或重获正向力这个目标的时候,我希望你能采取萨拉的方法而不是莉莉的方法。不要让你的自我意识阻挡你达成自己的目标。从现在开始,你要把每一个挑战看成是(a)我可以独力完成和(b)假如有人帮忙,我可能会完成得更好两者之间的一个选择。

一旦你明白并接受了你的成绩是由结果来评定,而不是由有多少人完成这个任务来评定这个事实,你就会做出正确的选择。

第 17 章
请你一定要幸福

"等孩子长大之后,我希望他们……"

我询问过全世界数千名家长,请他们用一个词来把这个句子补充完整。

不管是在哪个国家,其中一个词出现的频率比其他所有词的频率加在一起还要多。

这个词是什么?

幸福!

你希望自己的孩子幸福吗?你希望自己的父母幸福吗?你希望那些爱你的家人幸福吗?你希望那些在工作中尊重你的人幸福吗?

你先请。

请你一定要幸福。

那些爱你的人会希望你幸福。

正向力就是我们对当下正在做的事情所抱持的一种由内向外散发出来的积极的精神。

你希望你喜爱和尊敬的人拥有正向力吗？如果是的话，就把你自己的正向力展示给他们看吧！

> 有很多善良的人，他们仰视我们，他们尊敬我们，他们希望自己能够像我们一样。我们是他们心目中的楷模。

如果我们说自己不幸福，说自己的生活毫无意义，那我们向我们所深爱的家人传达了一种什么信息呢？

> 和你们在一起并没有给我带来快乐，我在家里的生活对我而言并不那么重要。

如果我们说自己不幸福，说自己的工作毫无意义，那么我们向我们尊敬的人，以及和我们一起工作的人传达了一种什么信息呢？

> 我希望今天我没有站在这里。我宁愿做任何事也不愿意和你们一起工作，不愿意在这个公司工作。

如果我们的正向力水平很高，我们向和我们一起工作的人和家人传达了一种什么信息呢？

第 4 部分　向上的路，你不必一个人走

和你在一起让我找到了生活中的快乐。和你在一起（在家中或在工作中）对我而言非常重要。你非常重要，我们共同做的事也非常重要。

我们还能向我们信任、尊敬和喜爱的人传达出更好的信息吗？

我想不出来了。

我写这本书的目的在于：在某些细小的方面帮助你过上更幸福、更有意义的生活。

如果你能做到这一点，你就能够帮助那些对你意义非凡的人找到更多的幸福和意义。

不要仅仅为了自己而做。

这样做也是为了他们！

附录 A

正向力调查问卷：
29 道题测量你的幸福与意义

为了获得更准确的研究结果，我们希望你仔细思考自己花在工作上和工作之外的时间。我们希望你从两个维度对自己的时间进行考量：短期满足感（幸福）和长期利益（意义）。

短期满足感（幸福）可以定义为某项活动所带来的满足感。诸如"此项活动是否让你感到高兴"或"我是否能从中得到快乐"，可以帮助我们测量从某项活动中获得的短期满足感。

长期利益（意义）可以定义为进行某项活动所得到的积极的结果。诸如"此项活动所得到的结果是否值得我的付出"或者"成功完成此项活动是否会对我的生活带来长期的积极影响"，类似的问题可以帮助我们测量某项活动可能带来的潜在的长期利益。

图 A.1 表明了短期满足感和长期利益之间的 5 种不同的组合，这 5 种组合包含了我们与任何活动之间可能存在的关系模式。

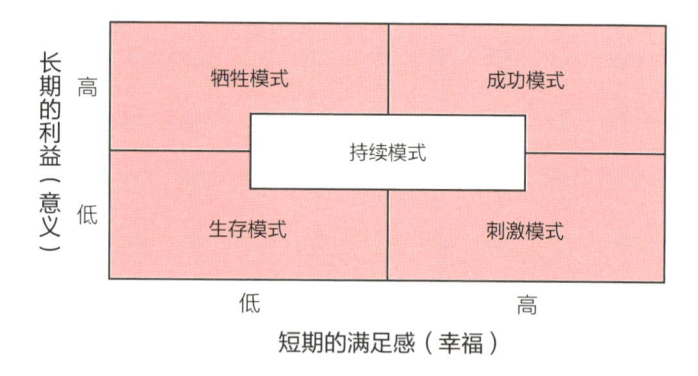

```
                  牺牲模式              成功模式
长
期
的  高
利               持续模式
益
（
意  低
义
）                生存模式            刺激模式

                   低                 高
              短期的满足感（幸福）
```

图 A.1　追求短期满足感和长期利益的 5 种模式

我们希望你先仔细查看短期满足感与长期利益所组成的各种模式，然后回答几个问题。

图 A.1 右下角的刺激模式是指活动的短期满足感的得分较高，而长期利益的得分较低的模式。典型的"刺激模式"的活动是看电视。看电视本身也许不会带来什么害处，对某些人来说可能还是一种比较有意思的消遣方式。另一方面，看电视几乎不会带来什么长期的利益。在工作时间与同事闲聊，尽管能让你在短期内兴味十足，但对你长期的职业发展毫无助益。完全处于"刺激模式"的生活虽然能带来不少短期的欢愉，却几乎不会带来什么长期的成就。

1. 请列出一些你认为属于"刺激模式"的活动。

_____

_____

2.在工作中,你花在刺激模式的活动上的时间占总时间的百分比是多少?

_____(最高为100%)

3.在工作之外,你花在刺激模式的活动上的时间占总时间的百分比是多少?

_____(最高为100%)

图A.1左上角的牺牲模式是指活动的短期满足感的得分较低,而长期利益的得分较高的模式。比较极端的例子是:为了实现一个更大的目标,你不得不投身于自己所痛恨的工作。比较常见的例子是做运动。你为了增强自己体质而不得不做运动,但你本身并不喜欢这样做。

在工作中,牺牲可能意味着为了自己的职业前景,你要在某份报告上多花几个小时(你本可以利用这几个小时看球赛)。完全处于"牺牲模式"的生活是一种自我牺牲的生活:成绩斐然,但欢乐无多。

4.请列出一些你认为属于"牺牲模式"的活动。

_____

_____

5. 在工作中，你花在牺牲模式的活动上的时间占总时间的百分比是多少？

_____（最高为 100%）

6. 在工作之外，你花在牺牲模式的活动上的时间占总时间的百分比是多少？

_____（最高为 100%）

图 A.1 左下角的生存模式是指活动的短期满足感和长期利益的得分都比较低的模式。通常来说，这些活动既不会带来多少快乐或满足感，也不会对长期利益有任何贡献。

我们从事这些活动仅仅是为了能够继续生存。查尔斯·狄更斯笔下的很多人物都处于生存模式。穷人每天不停地辛苦地劳作，几乎没有乐趣可言，尽管倾尽全力却所得无多。完全处于"生存模式"的生活是非常艰难的。

7. 请列出一些你认为属于"生存模式"的活动。

_____

_____

8. 在工作中,你花在生存模式的活动上的时间占总时间的百分比是多少?

_____（最高为 100%）

9. 在工作之外,你花在生存模式的活动上的时间占总时间的百分比是多少?

_____（最高为 100%）

图 A.1 中间的持续模式是指各项活动的短期满足感和长期利益的得分都比较中等的模式。对很多专业人士而言,每天回复工作邮件是典型的"持续模式"的活动：或多或少有一些趣味（但绝不刺激兴奋）,能够带来某种程度的长期利益（但不会给生活带来重大改变）。

在家里,每天日常的购物、做饭和洗衣等活动都可以归为"持续模式"这一类。完全处于"持续模式"的生活基本过得去,虽非乏善可陈,却也无可抱怨。

10. 请列出一些你认为属于"持续模式"的活动。

_____

_____

11. 在工作中，你花在持续模式的活动上的时间占总时间的百分比是多少？

_____（最高为 100%）

12. 在工作之外，你花在持续模式的活动上的时间占总时间的百分比是多少？

_____（最高为 100%）

图 A.1 右上角的成功模式是指各项活动的短期满足感和长期利益的得分都比较高的模式。我们热爱这些活动，并从中得到巨大的利益。在工作中，大部分时间处于"成功模式"的人热爱他们所从事的工作，并且相信他们的工作会带来长期利益。

在家里，家长可能会花几小时来陪自己的孩子，该家长也非常享受这项活动，并认为这项活动对孩子而言具有巨大的长期利益。完全处于"成功模式"的生活让人成就不凡，并且兴味盎然。

13. 请列出一些你认为属于"成功模式"的活动。

_____

_____

14. 在工作中，你花在成功模式的活动上的时间占总时间的百分比是多少？

　　_____（最高为 100%）

15. 在工作之外，你花在成功模式的活动上的时间占总时间的百分比是多少？

　　_____（最高为 100%）

16. 现在，请你考虑正常情况下一周内的全部工作时间。

请按照如下分类，把你花在各种模式上的时间占全部工作时间的百分比填进表格。

模　式	占总时间的百分比
刺激模式	
牺牲模式	
生存模式	
持续模式	
成功模式	

243

17. 现在，请你考虑正常情况下，一周内工作之外的全部时间。

请按照如下分类，把你花在各种模式上的时间占工作之外的全部时间的百分比填进表格。

模　式	占总时间的百分比
刺激模式	
牺牲模式	
生存模式	
持续模式	
成功模式	

18. 现在，请你考虑一下与你一起工作的人或你认识的人。请你考虑正常情况下，一周内一个普通员工的全部工作时间。

请按照如下分类，把你估计他们花在各种模式上的时间占全部工作时间的百分比填进表格。

模　式	占总时间的百分比
刺激模式	
牺牲模式	
生存模式	
持续模式	
成功模式	

19. 现在，请你考虑正常情况下，一周内一个普通员工在工作之外的全部时间。

请按照如下分类，把你估计他们花在各种模式上的时间占工作之外的全部时间的百分比填进表格。

模 式	占总时间的百分比
刺激模式	
牺牲模式	
生存模式	
持续模式	
成功模式	

现在，请描述下自己对工作中和工作外的生活的整体满足感。

20. 工作中的生活

○ 非常不满

○ 不满

○ 稍感不满

○ 无所谓

○ 稍感满足

○ 满足

○ 非常满足

21. 工作之外的生活

　　○ 非常不满

　　○ 不满

　　○ 稍感不满

　　○ 无所谓

　　○ 稍感满足

　　○ 满足

　　○ 非常满足

最后，我们需要问一些关于你的背景的附加问题。你的答案将有助于我们更好地解读这些数据。

22. 你的性别是？

　　○ 男

　　○ 女

23. 你的受教育程度是？

　　○ 高中

　　○ 中专或大专

　　○ 大学本科

　　○ 读过部分研究生课程

　　○ 研究生

　　○ 研究生以上

附录 A

24. 你的职位是?

○ 非经理级别雇员

○ 经理

○ 自由职业/创业者

○ 其他

○ 已退休

25. 你已经从事当前的工作（或者同行业类似的工作）_____ 年?

26. 在工作日中，你会花多少时间从事如下活动？答案可以用小数表示。如 30 分钟可写成 0.5 小时（注意：所有数字加起来的总和不得超过 24）。

活动	小时数
工作（包括在家里进行的工作，比如回电子邮件）	
上下班路上	
健身	
陪家人或爱人	
社交（在外面吃饭、看电影、看戏剧、看体育比赛等）	
看电视（情景喜剧、新闻、体育赛事）	
与工作无关的阅读（比如书籍、杂志等）	
上网或用电脑进行与工作无关的活动（比如网络社交等）	
家务劳动（洗衣、做饭、日常维护）	

27. 你的婚姻状况是？

- ○ 单身
- ○ 已婚
- ○ 离异
- ○ 丧偶

28. 你的年纪是？

- ○ 21 岁以下
- ○ 21 – 29 岁
- ○ 30 – 39 岁
- ○ 40 – 49 岁
- ○ 50 – 59 岁
- ○ 60 岁及以上

29. 你有几个孩子？_____

附录 B

正向力调查问卷解读：
延长生命中的价值感与满足感

基本而言，正向力调查问卷是一个自我评估的工具，用来帮助受访者评估其每天的时间分配情况，以及他们在工作中和工作之外有多少时间能产生短期满足感（幸福）和长期利益（意义）。这项调查还使受访者有机会对"一般"企业的"一般"员工进行估计——预估其短期满足感和长期利益的来源。

我们建议你在阅读下述内容之前先填写该调查问卷，这样你就不会因为知晓了他人的答案而产生偏误。

在写作本部分内容之前，已经有超过3 000名受访者填写了正向力调查问卷。尽管这3 000人并不能代表整体意义上的所有人或所有雇员，但我相信，他们在本书的读者中间具有一定的代表性。几乎所有受访者都属于专业人员、管理人员或创业者；几乎所有受访者都拥有本科学历，半数以上拥有研究生学历。如果你正在阅读本书，你很有可能是（或曾经是）一个专业人员、管理人员或创业者，或者你想成为这样的人。

"一般"雇员

受访者在回答"你如何估计'一般'公司的'一般'员工花在各种模式上的时间占全部时间的百分比"这个问题时，其答案的统计结果如下[①]：

表 B.1　"一般"雇员占比

	工作中（％）	工作之外（％）
生存模式	24.2	19.2
刺激模式	19.1	29.4
牺牲模式	17.0	14.4
持续模式	23.4	20.8
成功模式	16.3	15.6

我在询问 40 位业内"专家"（业内广为推崇的作者、首席学习官或者大公司的人力资源总监）是如何对"一般"员工进行估计时，他们给出的答案与这份统计结果完全一致。

我们的调查结果表明，"一般"员工在工作中和家中的主要区别在于：工作之外的时间更多地属于刺激模式，而其他模式相应较少。

---

① 表 B.1 和表 B.2 数据皆来源于作者官网。

专业人士、经理和创业者

在回答自己"花在各种模式上的时间占全部时间的百分比"这个问题时,针对受访者做出的统计结果出现了重大的差异:

表 B.2　专业人士、经理和创业者占比

	工作中(%)	工作中(%)
生存模式	14.4	11.4
刺激模式	15.2	21.2
牺牲模式	17.8	15.4
持续模式	22.7	21.9
成功模式	29.9	30.1

根据调查得到的结果,受访者认为他们花在成功模式上的时间大大高于"一般"员工,不论是在工作中还是在家里。这一结果并不令人意外,因为(1)这些受访者在社会经济成就方面远比"一般"员工更成功(举例来说,50%的受访者拥有研究生学位);(2)相对于其他同领域的专业人员,所有人都倾向于高估自己(即便其他人做得和他们一样出色)。

参与本次问卷调查的受访者在刺激模式下的自我评估偏低(特别是在家里)。这一结果并不令人意外,因为(1)社会经济成就较高的人可能把更多工作之外的时间投入到发展型和学习型活动之中(而没有看电视);(2)显然,社会经济成就较高的人相信"一般"员工花在刺激模式上的时间比自己更多。

在工作中和在家里各种模式之间的相关性

这些发现为我们提供了一幅清晰的画面。虽然我们在工作中和工作之外的活动有着显著的不同,但我们对短期满足感和长期利益的体验具有很高的相关性。这意味着什么?

我们对于生活中的幸福和意义的体验在受到我们所从事的活动影响的同时,也会受到我们自身的影响。

该研究结果的意义十分简单,同时也非常深刻。如果想从一项活动中体验到更多的幸福和意义,你可以有两个简单的选择:(1)改变这项活动,或(2)改变你自己。如果你无力改变这项活动,第一个选择就不存在了。

但是,我们的研究表明,活动本身只能部分地决定我们对于幸福和意义的体验。在很多情况下,我们自身比我们所从事的活动更能影响我们对于幸福和意义的体验。

每一种模式对你意味着什么

该项调查的受访者被要求具体说明哪些活动属于哪种模式。最为常见的活动包括:

生存模式:做苦差、打扫卫生、支付账单、支付税款、不得不和某些人打交道而你又不喜欢这样做、工作中无聊的会议、等待、行政业务、在上下班路上。

刺激模式:看电视、上网、看体育比赛、玩电子游戏、阅读"垃圾"小说、没有正常关系的性爱、和同事们聊八卦、调情、非议高层、工作中的头脑风暴(看起来挺有意思,但以我们的能力完全起不了作用)。

牺牲模式：与配偶或伴侣一起看自己不喜欢的电视节目、和我不喜欢的人待在一起、吃味同嚼蜡的"健康"食品、打起精神把事做好、清理办公室、确保自己的政治立场正确、整理文件、超时工作和周末加班、做自己无法忍受但为了领先他人而不得不做的事。

持续模式：带家人去商场购物、参加房屋业主大会、发电子邮件、管理项目、阅读指定读物、商务旅行、对客户进行例行跟进、"最新进展"报告会议、日常沟通、做无关紧要的工作。

成功模式：和所爱的人待在一起、陪孙子孙女（选择这一活动的人数多得令人吃惊）、阅读有意义的书籍、上下班的路上听对我有帮助的录音、令人满意的客户工作、帮助他人成长、成功完成重大的项目。

有些活动可以比较容易地区分属于哪种模式。比如，所有"苦差"都属于生存模式，看体育比赛属于刺激模式，吃淡而无味的健康食品属于牺牲模式，日常沟通如收发电子邮件属于持续模式，完成意义重大的项目属于成功模式。

然而，不同的人会把相同的活动划分到不同的模式中。比如，做运动、园艺、读研究生、辅导员工等活动在每一种模式中都被提过至少一次。这种多样化的选择说明，在某些情况下我们的正向力得分是我们所从事的活动的函数，但在很多情况下，也是我们对此项活动所抱持的态度的函数。

在工作中和家里的总体满足感

受访者在回答如何分配时间的问题之后，还要按照要求对工作中和工作之外的满足感进行打分。从统计结果来看,工作中和工作之外的满足感之间是正相关关系(相关系数为+.336)。换句话说,那些对家庭生活感到满意的受访者对他们的工作也感到满意。

把5种正向力模式与工作中的总体满足感相比较,我们就能看到,花在成功模式上的时间与工作中的总体满足感具有高度的呈正相关,花在生存模式上的时间与工作中的总体满足感具有高度的呈负相关。把生存模式和成功模式与工作之外的总体满足感相比较,也可以得出相同的相关关系。

更有意思的是,花在刺激模式和牺牲模式的时间,与工作中和工作之外的总体满足感呈负相关关系。这些结果表明,不管是在工作中还是在家里,没有意义的幸福和没有幸福的意义都不会带来较高的总体满足感。而不管是在工作中还是在家里,花在持续模式上的时间与总体满足感没有显著的相关关系。

这项研究得出的最令人吃惊的结论是:花在刺激模式的时间与在家里的总体满足感呈现出轻微的负相关关系。在得知这些结果之前,我一度以为对大多数人而言,"工作之外"的时间应该是以玩乐为主。但现在看来,我猜错了。没有证据表明在看电视、上网或玩电子游戏上多花一些时间能够增加工作之外的总体满足感。

研究结果的意义显而易见:若要增加工作中和工作之外的总体满足感,就要把更多时间投入到那些既能提供短期满足感,又能提供长期利益的活动中去。也就是说,你要减少对生存模式、牺牲模式和刺激模式等活动的时间投入。

因为"工作中"和"工作之外"这种分类方法包含了我们所能支

配的所有时间（睡觉的时间除外），唯一能够提高生活总体满足感的方法就是把时间集中投入到能够同时提供意义和幸福的活动中去。

工作中的总体满足感的相关系数

生存模式　－.460*

刺激模式　－.088*

牺牲模式　－.244*

持续模式　－+.001

成功模式　+.508*

工作之外的总体满足感的相关系数

生存模式　－.348*

刺激模式　－.122*

牺牲模式　－.152*

持续模式　－.046

成功模式　+.385*

致 谢

我要感谢这些优秀的人,正因有你们的帮助和支持,本书才得以呈现在读者面前:

◎ 我的妻子丽达、儿子布莱恩(Bryan)、女儿凯莉在我令人抓狂的写作和旅行过程中给了我无尽的爱。

◎ 我辅导的客户和领导力培训客户们,他们教给我的远比我教给他们的多。能够与全球最成功、最能给人启发的领导者交流是我莫大的荣幸。他们非常优秀,而且他们仍在不断努力地做到更好。

◎ 曾帮过我的师长:戴维·艾伦、理查德·贝克哈德(Richard Beckhard)、沃伦·本尼斯、尼科·坎纳(Niko Canner)、维贾伊·戈文德瑞亚(Vijay Govindarajan)、弗雷德·凯斯

（Fred Case）、彼得·德鲁克、基思·法拉奇、菲尔·哈金斯（Phil Harkins）、莎莉·赫格森（Sally Helgesen）、保罗·赫塞、弗朗西斯·赫塞尔本、乔恩·卡岑巴赫、贝弗利·凯（Bev Kaye）、吉福德·平肖（Gifford Pinchot）、C.K. 普拉哈拉德（CK Prahalad）、马克·汤普森（Mark Thompson）、戴维·尤里奇，还有约翰·英（John Ying）。

◎ 编辑萨拉·迈克阿瑟（Sarah McArthur），她不断地审校我的文字，并给予我宝贵的帮助。

◎ 阿兰特国际大学，马歇尔·古德史密斯管理学院和全球领导力发展中心团队：克丽茜·柯菲（Chris Coffey）、罗恩·柯蒂斯（Ron Curtis）、吉姆·古德里奇（Jim Goodrich）、玛雅·胡畅（Maya Hu-Chan）、比尔·霍金斯（Bill Hawkins）、汤姆·海因斯尔曼（Tom Heinselman）、卡洛斯·马丁（Carlos Marin）、霍华德·摩根、吉姆·摩尔、琳达·夏基（Linda Sharkey）、弗兰克·瓦格纳（Frank Wagner）。

◎ 杰克逊＆柯克公司，医师招聘的领军企业，他们的研究为我的正向力教学提供了很大的帮助。

◎ Extended DISC 公司，譬如马库·考皮宁（Markku Kauppinen），他对身份认知和正向力进行了重要的研究。

◎ 海柏利昂出版公司。威尔·休瓦尔贝（Will Schwalbe）对我的构想大加赞赏，后来，他到互联网领域创业寻找自己的正向力去了。还有威尔·巴利叶特（Will Balliett），他为本书的内容做出了很大的贡献，并不断提醒我把构思落实到纸面上。最后，这本书交给了布兰登·达菲（Brendan Duffy），一个冷静而能力超群的人。埃伦·阿彻（Ellen Arche）和克丽茜汀·凯瑟（Kristin Kiser）也给予了我莫大的助力和巨大的帮助。

◎ 领导力研究中心，该中心不但对我进行指导，还为我的工作提供了大量的支持。

◎ 达特茅斯大学塔克商学院、密歇根大学罗斯商学院、史卡利特领导力研究院、HarvardBusiness.org、BusinessWeek.com、HuffingtonPost.com，戴尔·卡耐基（Dale Carnegie）、Linkage、大企业联合会、AMA、美国培训与发展协会、人力资源规划学会、人力资源管理协会、训练教材公司海图屋、人才管理研究院等，正因他们的帮助，我的研究才有机会走近数百万的读者。

◎ 海德思哲国际咨询公司，它对我的领导力发展思想的形成提供了很大的帮助。

◎ 那些在军方以及人类社会服务组织工作的人，他们工作不是为了金钱和荣耀，而是为了帮助他人。

◎ 佛陀，两个半世纪以前他对人类行为的了解已经超过了今天我所认识的任何人。

◎ 最后是你们，我的读者们，你们的支持对我而言无比重要。如果你们有任何想法，请给我留言，邮件地址是Marshall@MarshallGoldsmith.com。也许我没法及时地回复，不过大多数情况下我都会抽出时间来回复的。

尽管得到了这些人士的帮助，书中疏漏之处仍在所难免。对于所有可能存在的错误，我承担全部的责任并请求大家海涵。佛陀曾经说过：择善而用之，余者皆可抛。

GRAND CHINA

中资海派图书

《时间管理的奇迹》

[美] 罗里·瓦登 著
易 伊 译
定价：49.80元

彻底改变人生的全新思维攻略
迅速提高工作效能的行动手册

我们总是陷入繁忙的状态，给自己营造一种"我是个重要人物"的假象，而真正的成功人士不会提起自己有多忙，他们不仅肩负更重的责任，还拥有常人所不具备的高效能和自律力。

在《时间管理的奇迹》中，自律策略导师罗里·瓦登总结了全球500强和独角兽企业优秀的领导者、创业者和管理者运用多年的实用方法，分享了他具有独创性的三维时间管理优先矩阵与聚焦漏斗模型，这些理论和技巧都通过了残酷现实千万次的试炼与检验。

本书不仅将颠覆你长久以来对时间管理的认知，更能提升你对自己情感的管理能力，助你在快速变化、竞争激烈的时代摆脱迷茫与焦虑，向意义重大的目标主动迈进，真正提高工作效能，创造理想人生的奇迹！

海派阅读 GRAND CHINA

READING YOUR LIFE

人与知识的美好链接

20 年来，中资海派陪伴数百万读者在阅读中收获更好的事业、更多的财富、更美满的生活和更和谐的人际关系，拓展读者的视界，见证读者的成长和进步。现在，我们可以通过电子书（微信读书、掌阅、今日头条、得到、当当云阅读、Kindle 等平台），有声书（喜马拉雅等平台），视频解读和线上线下读书会等更多方式，满足不同场景的读者体验。

关注微信公众号"**海派阅读**"，随时了解更多更全的图书及活动资讯，获取更多优惠惊喜。你还可以将阅读需求和建议告诉我们，认识更多志同道合的书友。让派酱陪伴读者们一起成长。

微信搜一搜　海派阅读

了解更多图书资讯，请扫描封底下方二维码，加入"海派读书会"。

也可以通过以下方式与我们取得联系：

采购热线：18926056206 / 18926056062　　服务热线：0755-25970306

投稿请至：szmiss@126.com　　新浪微博：中资海派图书

更多精彩请访问中资海派官网　　www.hpbook.com.cn